主　编　李　桦　　陈钧妮
副主编　葛　鹏　　刘志成
　　　　王许东云

人生九章

中山大学出版社
·广州·

版权所有　翻印必究

图书在版编目 (CIP) 数据

人生九章 /李桦，陈钧妮主编；葛鹏，刘志成，王许东云副主编. —广州：中山大学出版社，2022.10
ISBN 978-7-306-07453-9

Ⅰ. ①人… Ⅱ. ①李… ②陈… ③葛… ④刘… ⑤王… Ⅲ. ①人生哲学—青年读物 Ⅳ. ①B821-49

中国版本图书馆 CIP 数据核字 (2022) 第 032520 号

Rensheng Jiuzhang

出 版 人：	王天琪
策划编辑：	陈 慧　翁慧怡　王 润
责任编辑：	翁慧怡
封面设计：	林绵华
责任校对：	陈 莹
责任技编：	靳晓虹
出版发行：	中山大学出版社
电　　话：	编辑部 020-84110283，84113349，84111997，84110779，84110776
	发行部 020-84111998，84111981，84111160
地　　址：	广州市新港西路 135 号
邮　　编：	510275　　传　真：020-84036565
网　　址：	http://www.zsup.com.cn　E-mail: zdcbs@mail.sysu.edu.cn
印 刷 者：	佛山市浩文彩色印刷有限公司
规　　格：	880mm×1230mm　1/32　6.25 印张　188 千字
版次印次：	2022 年 10 月第 1 版　2022 年 10 月第 1 次印刷
定　　价：	56.00 元

如发现本书因印装质量问题影响阅读，请与出版社发行部联系调换

《人生九章》编委会

主　编　李　桦　陈钧妮

副主编　葛　鹏　刘志成　王许东云

编　委（按姓氏音序排列）

　　　　陈源鸿　高镜琛　李淑怡

　　　　李小康　凌　敏　彭诗琴

　　　　武梦云　闫敏妮　赵晓晴

有太多的书教我们怎样去生存，怎样去获取成功。而这本书，期待它可以提醒我们去思考何为人生之真谛。

咨询师似乎在人性的至暗处工作，并把生命的升降视为正常，引导来访者在正常的界面接纳自我，转身向阳。于是，咨询师便不是一个天真无邪的人，而是一个真实纯粹的存在。同感共情便是对生命的穿透，而不是情绪的和鸣。

引言：走进对生命的探索

2004年12月，我们在中山大学第一届心理健康教育活动月的系列活动中组织了一场题为"信仰·运思·悟道——关于大学生人生价值体系建立的思考"的主题论坛，其间邀请了冯达文、张志林、龚隽、陈立胜、张永义等一批哲学教授与学生同堂讨论。虽然已过去十七载，回看当时的照片，此时此地此情景之下仍可以感受到当时热烈的氛围。这次关于人生价值的讨论是中山大学心理健康教育咨询中心在成立当年便开展的一次尝试，也是中山大学心理健康教育咨询中心对"承担生命，完善人格"这一最初愿景与宗旨的实践。此后的这些年，我们与学生一道围绕"对生命的理解与关怀、对个体生命价值与意义的探讨"开始了诸多的心理咨询和心理辅导实务工作的尝试。

在我们看来，心理健康教育是一个有关生命教育的课题，其关键在于引导个体认自己的文化，适应并融入自身的文化社群，其核心价值取向是根植于文化价值的。鉴于中国文化对"群体性、关系性"的重视，中国的心理健康教育所追求的就不仅仅是个体的心理健康、无疾病态的生命呈现，还更多地包含了对个体完成生命意义的建构与人格心智的养成的更高期许，其关乎的更多的是如何引领和帮助学生"学以成人"，真正走向己群关系的和谐适应。这大抵与西方心理学的核心价值取向有着一定的分歧。在西方所采取的专业主义的脉络下，其更多的落脚点在于个体不同的主题问题的处理，如情绪、生涯、亲密关系等，而这其中常常忽略了个体作为完整的人的存在，等于"见树不见林"。于是，咨询室中那独自美好的"树木",回到"林"中却依旧要面对困扰与不适。因此,我们想在此讨论的主题就在于"如何理解生命,怎样以生命的姿态作为一种可能的疗愈"。

2021年身处百年未有之大变局之下的你我,同时也面临着新冠肺炎疫情如此的"黑天鹅"事件,每一个具体的生命个体也都将面临诸多的具体的挑战,因此,对生命的探索与理解在当下的时刻有了更重要的现实意义。所以,我们决心写下这本《人生九章》,与每一位读者一道去完成对生命的探寻。

本书共分为三编九章,借用2004年论坛的关键词"信仰·运思·悟道"为编名,从九个细分的章与大家讨论人生的一系列重要议题。作为一本汇编的小书,《人生九章》的作者跨越了不同的年代(从"60后"到"95后"),也跨越了诸多的学科(如中国哲学、心理学、美学、生命科学等),因此,诸位也可以在其中读到不同年龄阶段、不同学科背景的人对生命和人生这类话题的不同理解。《人生九章》所讨论的话题,我想是可以跨越时空的,对生命的起源、不确定性、痛苦、文化等主题的讨论历来有诸多优秀的学者参与其中,未来也会不断地有新人加入这一讨论行列。因为对生命的好奇与敬畏,是我们每一个人都应该保有的,也是我们社会文明不断发展的核心动力。

最后,我们希望,每一个个体都能透过生活、学习与感知,有所信仰,学会思考,体悟生命;能够走进生命的温情,建构起对人生更广阔的理解;以温情为力量,走向成人,走向人生实现。

编　者

2021年7月24日

序言　哲学应该为当今世界带来温情

当今世界哲学应该关切什么？

我们知道，古典哲学的主流，大多以"善"为趋归。譬如在古希腊，柏拉图用"理念"标识哲学，亚里士多德斥"质料"而凸显"形式"与"目的"；从哲学上看，这是贬落经验而追求先验，但从价值意识上看，实际上便是以为：现实世界都是有缺陷的，都不可能获得哲学诉求那种普遍性与永恒性意义。及西方古典宗教指人性为"罪性"，以世间为污浊，并借取亚里士多德的"形式"建构作为神学的理论论说；之后，西方古典哲学与神学的汇合更是把神圣与世俗的区分予以强化，而使人类向"善"的追求更予纯化了。

中国古典哲学同样以向"善"为终极目标，只是另辟通途而已。

道家以"无"为本，似乎也在寻找"形式"建构。但是，"无"作为终极本体恰恰是"无"内容的，是否定作为公共建构的"形式"对现实世界的个别存在具有任何指引与规限意义的。因之，在价值导向上，便不同于西方哲学那种通过抛离现实去求"善"。道家在价值追求上，其实是回归现存现实的，它讲求"真性情"而已。

作为中国思想文化主导的儒家，尤其以直面现实为突出特点。中国儒家传统，虽亦深为现实世间的"恶"所围绕，但是始终坚信，世间有许多美好的东西，世间美好的东西就表现在人在原初状态下都有"亲亲之情""仁爱之心"。只要我们能够守住这份情感，拓展这种亲情与爱心，我们就能把现实世间建成充满温情的太平盛世。从哲学形而上学的角度看，哲学的建构当然需要满足普遍性与永恒性诉求。但是，哲学的普遍性和永恒性品格，并不需要通过抽离现实世间作纯形式的建构乃至诉诸全智全能的神，才得以给出。哲学的普遍性与永恒性追求，其实是通过一代又一代人前赴后继的努力，把世间美好的东西予以推开，用人们本有的真情实感加以营造，就得以实现。

显见，中外哲学（含神学）虽然有理论路子的不同，但大都以向"善"为价值诉求。这种价值诉求延伸为公共社会的建构，似乎也可以说是一种以精神教养为主导的礼乐之治。

降及近世，哲学构造聚焦于"权利"了。

西方古典哲学是有偏失的：它过分看重抽象而死板的"形式"而轻忽活泼泼的"质料"；过分高扬"善"而轻忽"恶"；过分仰视贵族的精神信仰而贱视平民的物质欲望。从批判古典哲学发展出来的近世哲学，让人们得以回落现实世间。

但是，回落到现实世间，聚焦于"权利"的确保与扩张，意味着什么呢？意味着把人性的丑陋面毫无掩饰地释放了。就像我们当今看到的，个人与个人、民族与民族、国家与国家，彼此为利益切割与占有所爆发的激烈的争夺，无疑即是人性的丑陋面被极端地激发而导致的。

"善"作为终极目标隐退了,只能把"程序"当作"正义"去供奉。哲学原先笼罩一切的先验地位也保不住了。实质上,学科的分化就是经验学科对先验哲学的挤压。哲学不仅需要经验化,而且必须技术化,才能谋得一席之地。

而日新月异的经验学科都干些什么?

经济类的学科无非教人如何以最少的付出获取最大的收益。政治类的学科,包括各种战略谋划、律法条款,似乎是为了确保公权力运作的正当性,但有时也成为政治玩家谋取权力的一种游戏。前几年看过一个名叫威廉·波尔克撰写的《伊朗》一书,波尔克原为肯尼迪政府专责西亚及北非事务的外交官。书中揭露,美国的政治-军事家们是将"二战"时期德国总参谋部用以模拟实际军事作战的方法延伸在政治和军事活动方面的,这种政治-军事版本的"战争游戏"后来一直成为美国大学课程及政府单位用以分析世界大事的热门工具,也即是说,全部政治-军事运作都只着眼于如何可以在利益争夺中打败对手求得胜利。[1]

如果说,古典时期的公共管治讲求教养,教养冀求"成人";那么,近世政治表面上讲求一人一票的民主,实际上,权力只落在少数"精英"手中,国家的管治仅为"精英政治"。"精英政治"崇尚技能,技能只为逐物。精英们于当今社会所设置的种种竞技举措,都在驱赶人们

---

[1] 参见 [美] 威廉·波尔克《伊朗》,林佑柔译,台湾光现出版社 2017 年版,第 44—45 页。

去追逐更多的财富、更豪华的住房、更漂亮的汽车、更奢侈的生活。而人们为了满足被鼓噪起来的种种欲望，不得不夜以继日地去加班，挖空心思去"创造"，去消费自己的青春活力……人与人、国与国间每天都处在战争状态中。

这不由得想起两千多年前庄子对人生的慨叹。

庄子于《齐物论》中写道，人一旦生下来，便不知如何才可以熬到尽头；每天从早到晚，"与物相刃相靡，其行尽如驰，而莫之能止，不亦悲乎"。现代社会不就是这样吗？

更不由得不想起20世纪罗素对国际格局的忧心。

罗素编撰的《西方哲学史》在论及霍布斯的思想时说，在不存在国际政府的状况下，各国之间的关系便会仍处于在自然状态，即在一切人对一切人战争的状态中。在这种状态中，各个国家的效率提高绝不见得就对人类有利益，因为这一来也就提高了战争的凶暴和破坏性。只要民族国家还存在，而且彼此打仗，唯有效率低下才能保存人类。缺乏阻止战争的任何手段却改进各个国家的战斗素质，是一条通往全球毁灭的道路。[1]

---

[1] 参见［英］罗素《西方哲学史》下卷，马元德译，商务印书馆2017年版，第84—85页。

序言　哲学应该为当今世界带来温情

面对当今世界如此凶险的格局，哲学应如之何？

哲学是不是应该去为人类寻找一条避免毁灭的出路，乃至于让人们重新回归充满温情、充满爱的世界呢？

这个世纪的哲学，再也不可以尾随种种经验学科，以利益切割乃至撩拨欲望作为体系建构的指引。这个世纪的哲学建构，必须要回归它的先验本色，去守护原初的"善"的价值追求。只是，它无须通过拒绝"现代""理性"这类话语去求得这种追求。

如果这个世纪的哲学必须做出这种转向才能给人类的未来带来希望，让人类过上不需要过分富足但也安稳、平静与温情的生活，那么，或者就得听一听著名哲学家李泽厚的呼唤：该中国哲学登场了。[①]

中国哲学以儒学为主导，一方面，它是立足于现实世间，容纳着世间的变迁的，这使得它与近世可以相互衔接；另一方面，在世间中，它守护着"善"的追求，致力于以"善"的追求转换世间、提升世间，这又使它得以延续着古典的智慧。

而世间"善"的追求，就源自世间生活自然-天然孕育起来的亲亲之情、恻隐之心、关爱之意。所谓自然-天然孕育，是指人这一族类只能以群体方式生存与繁衍的独特性——人与其他动物不同，其他动物出

[①] 参见李泽厚《李泽厚对话集：中国哲学登场》，中华书局2014年版。

生不久就可以独自谋生，人出生之后在很长时间内还依然依恋在父母与亲族的情怀中。正是这种长期群居的生活，使人培植起亲情、爱情、友情。因为这种亲情、爱情、友情是不需要经过后天刻意的训习就本然地具足的，所以体现着一种先验性、一种信仰。

人类学、成长心理学的种种研究成果所证立的，不是近代哲学所推重的"天赋人权""个人自由"。越往古史追寻，个人的权利与自由度越少；越往当下审视，个人的权利与自由度扩张了，人与人之间的依赖性却也在扩展，生活资源问题、生态问题、核武器问题把每一个人深深卷入其中，使人们谁也离不开谁。天地宇宙赋定，人这一族类只有借助群体才能使自己的生存得以延续，而在社群生活中对群体在情感上的认同性，以及在认同性驱动下的"天赋责任"意识也必然得以凝练。

社群生活无疑有男女老少、远近亲疏的差别，孟子在《尽心上》所说的"亲亲而仁民，仁民而爱物"，认可这种差别。由这种差别而建构起"礼"，"礼"使群体生活获得"秩序"。群体结构是会变动的，因之秩序也会有变化。"秩序"的建构与遵循，又体现为经验理性。

中国传统所说的"发乎情，止乎礼"倡设的，正是价值信仰与秩序理性的平衡与协调。"情"主"和乐"，"礼"讲"节文"，表现在理想社会的追求上，便是"礼乐文明"。

当今的问题是，我们依然固执地延续着19—20世纪的观念，把理性与秩序仅指为权力切割与平衡的手段，而斥人自然–天然孕育起来的先验价值信仰为虚幻。人性由情感延伸出来的"善",难得被提起,"恶"却是不断被放大。然而,我们已经看到,在理性日渐摆脱信仰狂奔而去的状况下,理性已不再成为人的身份与标识,它无非就是一台计算器。接下来,人还剩下什么是可以不被替换的,得以让自己守住自己为人的呢?

似乎唯有情感。

人不是别的,人只是自然世界中充满情感的、富于爱心的一个族群。

21世纪的哲学,应该从只关切少数精英财富与权力的增值转向芸芸众生,为从事日常劳作、过着日常生活的人筹划如何建构一个平静和美的世间,让大家无忧无虑地欣赏大自然的秀色,享受亲情、爱情、友情的甜蜜!

中山大学哲学系　冯达文教授
2021年9月1日

目录
CONTENTS

001 **第一编 信仰**
003 第一章 生命的起源
025 第二章 不确定性的追问
042 第三章 主动的选择
053 **第二编 运思**
055 第四章 被理解的痛苦
080 第五章 社会化的历程
103 第六章 被建构的认知
131 **第三编 悟道**
133 第七章 德性的冲突
151 第八章 生命的重量
169 第九章 流通的生命

第一编

信 仰

第一章　生命的起源

能把自己的生命寄托于他人记忆中,生命仿佛就加长了一些。

——孟德斯鸠

对大多数人而言,"生命"一词动人而陌生。人本身作为生命,无时无刻不与同在此世间的生命及非生命产生联结。关于生命的思考是人类追问自身之源的永恒话题,我们总是试图想清楚人类在宇宙时空中的定位。这里列举了一些问题,请大家尝试进行思考并带着它们来阅读接下来的内容:

(1) 生命是什么?

(2) 生命从何而来?

(3) 如何理解人作为生命的存在?

(4) 如何理解人与其他生命/非生命的关系?

(5) 人类应该如何与自然相处?

(6) 对生命的理解如何影响我们去构建生命的意义?

一、人类对生命的探索

当我们开始思考"生命"这一词语时，心中可能会涌现出复杂的情感：一方面，生命在我们的日常经验中是如此的稀松平常；另一方面，生命却以其多样而奇妙的面貌令人惊叹。此外，尽管我们对生命的研究和发现持续数千年，至今已累积成了庞大的知识库，但是当我们面对什么是生命、如何界定生命与非生命的边界、生命是否具有其他形态、如何看待身体与意识的关系等问题时，心中对现有的答案仍然存有疑惑。千百年来，无论是出于天然的好奇、对人生意义的追寻，还是出于对进步的需求，人们都执着地坚持着对生命与生命起源的探索。对生命问题的回答影响着人们怎样去认清自我的本质且形成自身归属的认同，并最终对人们的生活产生指引性的影响。

生命是什么？中学时代受到的科学训练告诉我们，生命的最小单位是细胞，而病毒则因不具备独立繁殖能力被划分为非生命领域。但是，当我们从更细致的专业分类出发去进行讨论时，便会发现生命是一个难以定义的现象。生理学将生命定义为"具有进食、代谢、排泄、呼吸、运动、生长、生殖和反应性等功能的系统"，如此一来，不仅病毒，一些不呼吸的细菌亦被排除在生命的行列之外。若是从生物化学角度出发，那么"生命系统即包含储藏遗传信息的核酸和调节代谢的酶蛋白"。基于此，我们该如何看待只具有蛋白质结构而不具有核酸的朊病毒（引发疯牛病的病毒）呢？从遗传学角度出发，得出的生命的定义即通过基因复制、突变和自然选择而进化的系统，相对以上两者，其更为宽泛，连朊病毒也因此得以进入生命的行列。

第一章　生命的起源

即使在现代科学的知识系统里，关于生命的定义仍然存在许多争议。究其原因，一方面在于不同的学科关注生命的不同方面，并倾向于以自己的术语进行解释；另一方面，生命与非生命的边界并非一条明晰的线，而是一条包含着许多"模棱两可"的"宽带"，想要将这些"模棱两可"进行分类势必会将讨论上升至哲学高度。况且，这世上仍有许多人类尚未探明的生命现象，它们不断地阻碍着定论的生成。

跳脱科学的框架，任由想象力驰骋，生命形态的丰富程度还可再跃升一个层次。17世纪，炼金术士斯托尔泽伯格在其著作《赫尔墨斯文集》记载了"矿灵"（Petram sefirot）这一奇妙生命。矿灵，指的是诞生且附着在矿物质中的灵体，而炼金术士则认为矿灵有着自我延续其存在的动机。相传，矿灵比地球上所有的生命出现得更早，但由于它们依附在矿物质中，行动极为受限，因此，不能像其他灵体一般有着快速发展的进程。直到生命出现之后，矿灵通过周边环境介入生命体内，才有了第一次较为彻底的种族进化。反观人类的进化史，其中一个重大的节点便是人学会用石头制作工具，而且至今人类也从未停止过对矿物质的利用与探索。从这个角度来看，人类的进化史可否也被称为人类对矿物质的利用史呢？[①]

类似地，对理应无生命的事物产生生命的感受也存在于我们的日常体验中。当我们在晨曦之时站在高处眺望，看日照一寸一寸地铺满城

[①] 参见三目蟹《从矿灵谈起：科学＝集体自恋？》，公众号"利维坦"，2019年4月23日，见 https://mp.weixin.qq.com/s/7TexwEvL4njF93r8YTa9hw 。

市，听车水马龙喧嚣渐起，便感受到城市迸发着苏醒的生命力。又如，小孩子会帮心爱的玩偶起名字，把它们当成自己最忠实的玩伴，自说自话地玩起"过家家"。尽管在理智上我们认为城市、玩偶并不是生命，但谁又能否定这种体验的美妙呢？

正如对生命的认识一样，人类对生命起源的认识也同样丰富多样。在各民族的文化中，广泛存在着创世神话。譬如西方世界的上帝就是宇宙万物最强的设计者，而在印度的《原人歌》中，宇宙万物则是由神明"原人"的身体血肉所化。在中国的神话中，夸父把手杖一扔，它便化作一片鲜美桃林，当女娲挥动沾满泥浆的枯藤，便出现了华夏民族最初的祖先。

科学界关于生命的起源尚无定论。其中，最为主流的说法是化学进化论。1953 年，芝加哥大学化学系的研究生斯坦利·米勒（Stanley Miller）模拟早期地球环境，将水、氢气、甲烷和氨注入封闭的试管系统，然后予以加热和电击来模拟火山爆发及闪电环境。几天之后，米勒在瓶中发现了一层粉泥状的氨基酸，证实了在此条件下无机物可以合成生物有机分子。尽管米勒的实验十分精彩，但想要完全地解释生命起源的进程，似乎还是缺乏说服力。且不论米勒所模拟的环境是否完全符合早期地球的环境，无机分子形成氨基酸、磷脂等有机小分子，仅仅是最终生成原始单细胞的演化进程中最简单的一步。而有机小分子如何生成具有自我复制能力的生物大分子，再进一步形成具有生物膜系统且能够新陈代谢、繁衍的细胞，现代科学仍未能给出答案。除了化学进化论，亦有科学家持宇生说，认为原始的生命有机物来自外太空，是陨石撞击带来的礼物。但这也同样需要更多的验证去增强其说服力。从更大的层面上来讲，考察生命起源还需要将宇宙诞生与星系形成的图景也描绘出来，否则，将难以追溯生命初现时的地球环境。

相比考察生命起源，考察人类起源似乎要简单得多。究其原因，现今能考察到的最早生命始发于38亿年前，而人类的历史不过数百万年。尽管如此，关于人类发展史，我们仍有许多无法确定的疑惑。尤瓦尔·赫拉利在《人类简史》的第一章"人类：一种也没什么特别的动物"中追溯了人类在发展之初的历史。生物学家将所有生物划分为不同的物种，划定不同物种之间的分界线为生殖隔离，即两个生物能够交配并产生具有生育能力的下一代。而从同一个祖先演化而来的不同物种，被生物学家划分为同一个属，许多属还能再归类为同一科。约250万年前，从南方古猿演化而来的远古人类从东非大陆开启了跨越大陆的旅程，足迹遍布北非、欧洲和亚洲的广阔土地。不同的地区自然条件相差甚远，因此，远古人类也开始朝不同的方向进化：欧洲和西亚的远古人类进化为尼安德特人，印度尼西亚的不同小岛上孕育了梭罗人和弗洛里斯人，西伯利亚则诞生了丹尼索瓦人、鲁道夫人、直立人等人类分支。最后，当然还有我们自己的人种：智人（从命名中我们似乎可以读到一丝骄傲的意味）。所以，在时间长河的上游，人类与其他生物一样，经历迁徙、进化、物种分化的过程，人类也拥有同属不同种的许多同伴，而并非只有智人一种。只不过在后续的发展中，智人学会了使用工具和生火，并产生了语言，加之一些尚未探明的原因，其他人种逐渐消失，唯有智人延续至今。而智人之所以成为智人的演化历程，包括工具的使用、火的控制与语言的发明等，其具体原因我们仍无从得知。目前普遍认可的理论认为，某次偶然的基因突变使得智人的大脑开始以前所未有的方式进行思考。这与所有生物中发生的事情一样，可以归因为基因突变或物竞天择。或许，人类拥有今日的发展只是一场概率碰撞的游戏，展现了万千可能性中的一种，没什么特别的。①

总而言之，关于生命及其起源故事，人类的认知还存有许多限制，或者说，我们连边界都未曾触及。我们提出了许许多多的假说——宇宙大爆炸、用进废退、创造论、进化论……而后又锲而不舍地寻找证据，完善理论，试图以人类200万年以来发展的智慧来描绘138亿年（假设大爆炸假说是正确的）的宇宙图像，但如今画卷中尚有大片的空白与无数难以下笔的触点。正如法国哲学家布莱士·帕斯卡所言，知识本身就像一个球体，球的体积越大，它与未知的接触面就越大。因而，人类在积极进取地运用自己的智能探索生命、改造自然时，亦应保有戒慎之心，使自身不因理性的扩展而盲目膨胀。

二、作为生命的人

接下来，让我们开始一场新奇的想象：

首先，我们进入一个安静而舒适的房间，房间温度宜人，地板上铺有干净、柔软的地毯。接着，请将身体尽量蜷缩起来，双臂抱紧曲

---

① ［以色列］尤瓦尔·赫拉利：《人类简史：从动物到上帝》，林俊宏译，中信出版社2014年版，第3—19页。

起的双腿，面朝下将自己放置在地毯上，可以想象我们是一颗裹着厚壳的橡树种子，埋藏在泥土之下，等待着春天的信号破土而出。此时，让我们在暗无天日的泥土之下，静静地感受外界的声息，感受着大地的温度、泥土的质地、周边小爬虫的骚动、春雨飘落泥土的湿润和颤动……

经过漫长的等待，种子渐渐积蓄着破土而出的力量，并在此过程中不断感受着壳的坚硬、泥土的重量、空气的阻力。"噗嘭"，新芽从土里冒头，第一次看到地面上世界的模样。新芽看到阳光从白云的缝隙中倾洒而下，予以它合成有机物的动力；它感受到溪流给周边土地带来的湿润；它汲取着土地无私供给的成长的养分；它看到同伴的新芽、昆虫、大树、松鼠、玩耍的儿童；风从远方而来，告诉它更广阔的世界长什么模样。新芽得以知晓，这座蓝色星球的表层被人类称为生态圈，而它是这个圈中平凡又独一无二的一棵橡树。

如果你有兴趣，可以继续这一场新奇的想象：想象新芽抽条成枝，想象它长成参天大树、开花结果，想象它的生命如何走向终点，躯干归于何方……这场想象之旅，我们将其命名为"一棵橡树的生命历程"。在橡树的生命历程中，生命与生命、生命与非生命、非生命与非生命之间的联结和流通如此细微而牵动人心，予人一种扎根于大地的确信感与安心感。实质上，人和橡树一样，都是孕育于自然之中的、无法脱离自然而独活的存在。我们与万物生灵生活在同一片土地上，取用于自然，每一次呼吸都与自然生息同在，在生命终结时，亦以元素的方式归于自然。

现在，我们回到本章开头提到的第三、第四个问题："如何理解人作为生命的存在"，以及"如何理解人与其他生命/非生命的关系"。

由于人具有独特而复杂的思维活动，所以人在思考自身的存在时呈现出将身体与意识分离的倾向。在许多传统社会的认知里，人作为整体的一部分融入群体、大自然和宇宙当中。人类学学者勒布雷东在《人类身体史和现代性》中写道："对于美拉尼西亚人来说，人的躯体效仿植物界。……身体仿佛另一种形式的植物；而植物也犹如身体外在的一种形态。两大领域之间并无明显可辨的界限。"[1]与之形成对比的是，在现代社会的个人主义中，身体被看作人可分离的部分，身体被视为自我与他人的分界线，承担着宣示个体独立性的功能。人类学通过对原住居民的研究发现，在现代性的影响下，关于生命与身体的理解已经和原住居民社会在一定程度上所能代表原始社会的观念有了出入。现在的人是被切割的，即人从融混不清的自然整体中分离出来，而这就是所谓个体的诞生，也是现代意义的身体的诞生。精神与身体分离的趋势和西方历史进程中的社会变革与哲学发展的交织、互动有关，即个人主义的上升和身心二元论的持续影响。

笛卡尔在17世纪提出了"身心二元论"，即世界存在着两个实体，一个是只有广延而不能思维的"物质实体"，另一个是只能思维而不具广延的"精神实体"，二者性质完全不同，各自独立存在和发展，互不

---

[1] ［法］大卫·勒布雷东：《人类身体史和现代性》，王圆圆译，上海文艺出版社2010年版，第7页。

干涉。而身体与自然共同被归为"物质实体"。此后，笛卡尔的二元论持续而深刻地影响着西方人的思想方式，并随着全球现代化的推进及东西文化的交融渗透进我们的生活当中，这从医学对人体的研究及心理学对意识的专注上可见一斑。当然，今天的我们也看到许多理论开始强调身心连通，例如，情绪与身体状态的相互影响、精神状态在面相上的体现等。但唯物主义者大卫·帕皮诺（David Papineau）认为，大多数人在心理层面几乎不可能相信意识体验是大脑中的物理过程。在探讨意识问题时，询问物理过程如何产生或创造意识经验，就仿佛在说，意识是在大脑的物理运作中生成的某种特殊气体，这种提问的倾向揭示了提问者暗藏的二元论观点。好比我的父母创造了我，因此，我是一个独立于父母的个体。类似地，如果意识是由大脑创造的，那么意识就会独立于大脑的物理运作，正如孩子独立于父母一般。也就是说，人难以不从二元论的角度进行思考，我们都是隐藏的二元论者。

精神与身体/自然分裂的倾向在初现之时，为世俗世界带来了不可估量的进步，如医学与科技的进步、个人权利和社会公平的出现、生存空间的扩张与改善等。但历史发展至今，这种倾向渐渐显现出消极的一面。在身心二元论的影响下，人们倾向于高置精神实体的位置而贬低身体的地位，并将被归属于物质实体的自然视为机械的、无生趣的世界。在一篇谈论身心二元论与精神健康的文章中，作者James Barnes写道："自然因此失去了她的内在生命，变成了一个又聋又哑的设备，只会执行冷漠无情、价值中立的法则，而人类面临着一个毫无生趣、毫无意义的世界，只能把自己的灵魂——活力、意义和目的——投射在幻想中。"①这就意味着，如果自然是完全机械的，那么它的价值仅仅体现在它对我们的功用上，要么是维持我们的生存，要么是在我们用感官感受它时为我们创造愉快的体验。为此，有一种担忧是，二元论思想可能会鼓励这样一种观点，即自然本身并无价值，它应该被利用，而不是被尊重。作家兼社会活动家娜奥米·克莱因（Naomi Klein）将此称为"身体与心灵之间，以及身体与土地之间具有的腐蚀性分离"，而"科学革命和工业革命正是从这种分离中诞生的"，并认为这种分离感与现今世界范围内的气候灾难直接相关。②

那么，假如从不一样的观点出发，会对我们认识精神与身体/自然的关系有积极的影响吗？

冯达文先生在《中国古典哲学略述》中论述了将元气本源论—宇宙生成论作为一种对世界的把握方式的可取之处。"从宇宙自然生成（而不是构成）的角度看，这种宇宙观所触及的，主要是自然界和社会领域中客观、普遍存在着的一种共生现象：生活在同一圈层的事物，有可能获得某种共同的物质、能量和信息，从而形成某种共同的特性（成为某一类）。……自然界和社会中普遍存在的共生现象使宇宙万物得以联结

---

① James Barnes, "How the Dualism of Descartes Ruined Our Mental Health", 2019-05-10, https://aeon.co/ideas/how-the-dualism-of-descartes-ruined-our-mental-health.

② Philip Goff, "The Rain Forest is Teeming with Consciousness: Our Fate Turns on Retiring Our Dualist View of Nature", 2019-11-06, https://nautil.us/issue/78/atmospheres/the-rainforest-is-teeming-with-consciousness.

在一起,并使人们依一定的类属关系、从类的归入的角度予以把握的方式得以成立。"①即万物因生息于同一片土地而渐渐形成共同的特性,如人与树木都会顺应昼夜更替、季节轮换而调整自己的生活,精神实体与物质实体的区别不被强调,宇宙万物之间存在强烈的联结感与同在感。

另一种观点可能改变我们对人与自然关系的认识,就是泛心论(panpsychism)。"泛心论者认为意识遍及宇宙,与质量和电荷一样基本。如果泛心论是真的,那么热带雨林中充满了意识。作为有意识的实体,树木本身即拥有价值;砍倒一棵树变成了具有直接道德意义的行为。根据泛心论者的世界观,人类与自然界有着深厚而密切的关系:我们是嵌入在意识世界中的意识生物。"②想象一下,如果孩子们从小以泛心论的观念出发去体验树木和植物,他们可能将植物向阳而生视作宇宙意识的体现,将枝叶摩挲视作彼此之间的信息交流,认同草本树木自身是一个拥有感知的独立核心。对于一个在泛心论世界观中长大的孩子来说,拥抱一棵树就像抚摸一只猫一样自然。

但是,对于从小接受科学训练的大部分人来说,宇宙生成论及泛心论会由于难以经受理性的考验而不被接受。从现代科学的角度出发,我们同样可以看到,人的身心与外部环境有着千丝万缕的关联,而不是独

---

① 冯达文:《中国古典哲学略述》,广东人民出版社 2009 年版,第 231—232 页。
② Philip Goff, "The Rain Forest is Teeming with Consciousness: Our Fate Turns on Retiring Our Dualist View of Nature, 2019-11-06, https://nautil.us/issue/78/atmospheres/the-rainforest-is-teeming-with-consciousness.

立运作的实体。对此，相信大部分人都有过类似的日常体验：感冒时，情绪变得平淡低落；闷热时，心情容易躁动不安；感受明媚的春光、轻拂的微风时，身心变得舒畅……而若从微观视角出发，微生物与人的心理健康也息息相关。2004年，日本九州大学的研究小组设计了一个实验来验证微生物能影响心理状态的主张。这一研究小组发现，无菌小鼠（肠道没有微生物群）相比普通小鼠，他们的皮质酮和促肾上腺皮质激素的分泌有着更大的波动性，而这两类激素是对心理压力水平有影响的激素；之后，研究小组又给一组无菌小鼠服用了含有乳酸菌的食物，并发现服用乳酸菌小鼠的压力水平明显低于无菌小鼠，但仍然高于在普通环境下培育出的小鼠的压力水平。在中国重庆的另一项研究中，研究人员从重度抑郁症患者的肠道微生物中取出细菌样品，并将其植入无菌培育的小鼠体内。随后，这些小鼠在一项强迫游泳测试中表现出更容易放弃——这一行为通常被认为与抑郁症的缺乏活力、绝望两项症状相类似。美国哥伦比亚大学神经学家迈克·格尔松提出"肠脑轴"概念，即肠道微生物通过迷走神经、神经递质与中枢神经相互影响。对于一部分抑郁症的患者来说，改善饮食和调节肠道菌群平衡，对其治疗有着极大的帮助。总而言之，人体为微生物的生存提供了极佳的场所，而微生物也以其微妙的群体平衡调节着人的身心健康，两者互利共生。

尽管人的意识的实质和运作仍然保持着高度神秘的面貌，但不可否认的是，意识的存在必定以生物性的身体为依托。而我们的身体与万物一样，生发于自然，顺应自然的规律发展至今，无论从宏观或微观的角度，都与其他的生命或非生命紧密联系在一起。从这个角度出发，个人应当被放置于与宇宙万物息息相关的网络当中来理解，也需要以尊重和敬畏的心与自然相处。

三、共生：与万物同在，活于此世间

回归个人的日常生活，我们应该如何与自然相处呢？我们中的大部分人居住于城市，与人为伴，并没有因向往自然就能实现与自然亲近的条件，如何加强与自然的联结呢？对此，我们需要的是调整姿态，践而行之。

调整姿态，即正确认识人与自然的关系。在这里，我们引入一个生物学上的概念——共生。狭义的共生（mutualism），是指两种不同生物之间所形成的紧密互利的关系。动物、植物、菌类之间，以及三者中任意两者之间都存在共生关系。在共生关系中，一方为另一方提供有利于生存的帮助，同时也获得对方的帮助。而从生物圈的角度来看，所有生物与非生物通过能量转换和物质交换，彼此密切联系起来，构成广义的共生关系。

人类也是共生生物吗？当然是。提出社会共生论的学者胡守钧认为，共生是人的基本存在方式。[①]人类最能表现出共生性质，如人类群体之间的社会共生、人与禽畜共生、人与植物共生、人与微生物共生。共生实际是一种聚族群居，是一种生存状态的最优化倾向，随着进化阶段越来越高，共生联合更像是一种有意识的理智化现象，如家庭联合、

[①] 胡守钧：《社会共生论》，复旦大学出版社 2012 年第 2 版，第 3 页。

群体联合、群间联合、种族联合、国家联合。合群生活减少了体力上的能量消耗，这为智力的进化提供了可能性（大脑需要消耗大量能量，如果不节省能量就不能支配大脑的发达），而合群倾向的自然意识也被打上了群体道德性质。

共生体系中的各方是互利互成、相互依存的，人类亦是如此。从这个角度来讲，这星球上的万千生灵生而平等。但人类总是容易犯一个错误，即通过强调灵性光辉与高智能将自身放置于高高在上、独一无二的位置上，失去对自然的敬畏之心，也忘记了在与自然相处的过程中保持适当的尺度。书写本章之时，正值新型冠状病毒肺炎疫情期间，小小的病毒给个体的身心性命、社会的安定平和及国家的稳定发展都带来了巨大的威胁。因为疫情，大家以往在春节时快乐幸福的情绪被焦虑、恐慌、无助、愤怒取代。每个人都或多或少地受到了影响：被感染者面临着生命安全的威胁，医护人员经受着超负荷的压力，小商户们难以继续支付高昂的铺租，学生的学业被耽搁……网络上流传着一套表情包，拟人化的新冠病毒被人扯着衣领质问："我想吃火锅/喝奶茶/逛街/上学，听见没！"大家借由表情包，表达希望回到正常生活的渴望及对新冠病毒的愤怒。

由于缺乏完整的细胞结构，病毒只能寄生于宿主体内，利用宿主细胞中的细胞器进行自我复制。不同的宿主对病毒的毒性反应有很大的差别，可以在自然界里宿主体内安然复制的病毒，却会让被感染的人面临健康的威胁甚至生命的危险。病毒依赖宿主而生的特性使得它在进化过程中呈现低毒性的趋势。换言之，病毒与人类也同处于动态平衡的共生系统当中——二者平衡，共生共存，一旦失衡，一方或双方都处于危险之中。疫情给我们带来的启示是不仅人类是自身需要通力合作、构建防御疾病的命运共同体，而且人类与其他相关生物都有着共同的命运，将它们的故事整合起来，才能更好地理解整个生态系统的互动和平衡。系统与个体之间的影响是相互的，人类的发展极大地改变着自然的面貌，而生物多样性与生态系统平衡也反过来影响着人们的健康，唯有人与自然和谐共生才是长久的发展方向。

践而行之，即当我们能够正确认识人与自然的关系之后，在日常的生活中便可以自然而然地做到关照生灵，对人生活于土地上、取用于自然中心怀感恩与敬畏。此外，我们可以开放感受，以欣赏的目光、同在的心去发现和感受自然的美和惊奇的体验。行走在康乐园中，我们不妨慢下脚步，感受一呼一吸之间生灵的气息，观察百年树木沟壑交错的纹理，与路边打盹的猫打个照面。或者在自己喜欢的天气里，允许自己放空一个下午，只静静地看云卷云舒，予以自己更多的时间与空间回归自然、回归天地。

阅读古诗词和古文会让我们感受到我们的祖先对自然的感受性是如此强烈而广泛，如"我见青山多妩媚，料青山见我应如是""采菊东篱下，悠然见南山""造化钟神秀，阴阳割昏晓""落霞与孤鹜齐飞，秋水共长天一色"等。先人如此擅长与自然联结，或将自然之景与人的情感相交融，或取自然之景与人的情感互动互补，大抵都以其自在的方式从自然中汲取疗愈能量，滋养生命的灵性。

我们祖先与自然的和谐共生还可以体现在他们的生活方式上，比如"顺应四时""起居有常"等等。春生夏长，秋收冬藏，四时迭起，万物循生。中国古人根据对自然物候的朴素观察，形成了自己独特的历法，用来指导农作生产，也用来治理社会、调整人与人之间的关系、指导生活的节律。导致现代的朋友们对自然的感受性降低的原因除了有和自然的接触减少的因素以外，也和与自然不和谐的生活作息方式有关。存在主义大师罗洛·梅在《人的自我寻求》中写道："作为人类，自然中有我们的根，这不仅仅是因为这一事实，即我们躯体的化学成分在本质上与空气、泥土或者青草具有相同的元素。而且还因为我们以许多其他的方式参与到自然之中——例如，季节或黑夜与白天变换的循环，就可以反映在我们身体的节律、饥饿和餍饱、睡眠与清醒、性欲求与性满足以及无数其他方面。在这个意义上，当我们与自然联系在一起时，我们不过是把根放回到它们原来的土壤当中。"[1]

四、融有限于无限

最后，我们回应一下本章之初提及的"对生命的理解如何影响我们去构建生命意义"的问题。在此，让我们回归到自然的联结和生命的意义之间的联系中。

社会经济发展与全球化思想交融，科技更新与信息传播速度飞速提

---

[1] ［美］罗洛·梅：《人的自我寻求》，郭本禹、方红译，中国人民大学出版社2013年版，第50—51页。

升，使得整个社会的文化与价值观随之经历冲突与转型，人也无法安然地延续上一辈的思想活于此世代。世界推着我们不断反思自我，这为人的思想性带来极大的锤炼和挑战，让我们的身心更为冲突与混乱。我们与任何一个时代的人们一样，会追问生活的目的、人生的意义、我该如何存活于世等终极问题，但世界只负责提供（比以往更为多元的）参考答案，却从来不会予以我们标准答案。我们追寻答案的过程似乎较以往任何一个时代都更为困难了。

将时间往前推50年，我们的父辈还无法理解人怎么会有心理问题，但今天我们时常把"焦虑""抑郁""原生家庭"等与人的心理状态相关的词汇挂在嘴边。我们比以往任何时代都更为关注人的心理健康，我们中的许多人或多或少了解一些相关概念，如原生家庭、人本主义、心理边界等。受西方心理学思想的影响，我们比以往更加关注自我，忠诚于内心，并尝试构建自存、自立、自足的主体性。这在某种程度上给人带来了自由、解放的舒畅与轻松，但也带来了继发的困扰——我们似乎难以心安理得地去长久地享受这份自由与舒畅。

在知乎上，有一类提问有着很高的热度，即诸如"父母曾经做过什么事情让你最失望？""有一对不称职的父母是什么体验？"之类的关于原生家庭的话题。话题下的答案仿佛涵集了所有的人生之苦，许多人表示由于自己经受的悲惨家庭生活，所以自我价值感低下，人际交往生成阻碍，个性存在缺陷，等等。而在每一个答案的回复当中，看到最多的回应有两类——一类是回应发问者的提问，不要因无法选择的经历而贬低自我价值感；另一类则是直接干脆地劝发问者远离原生家庭。这两类回答都映射了现代心理学对大众的价值观的影响，即更重视个体的自立自存性。但是，这些回答问题的人，他们之中能有多少人可以从这些回应中获得真正对人生有长久助益的参考呢？又有多少人真的脱离了原生家庭并活得潇洒自在呢？

我们身边也有许多同学因情绪、关系、家庭、生命意义等问题走进咨询室，经过一番自我探索与澄清，学习如何觉察并忠于自己的内心，学习如何划定心理边界，学习如何在心理上自给自足，而后充满信心地走出咨询室。但在之后的生活中，新的疑问仍然不断生成："我们如何确认自己的内心而不出差错？""我们如何在维护主体性的同时，活于与他人的关系中？""我们的价值观是被构建的，还是自主选择的？""如何确认我们所认定的人生意义是真实的、值得追求的？"等等。当我们尝试以一种西方心理学提倡的姿态活着时，总在某些时刻感受到令人迷惑的断裂感。究其原因，西方心理学植根于强烈的个人主义思想，强调个体的自由、平等、独立。而我们生存于与西方截然不同的土壤中，中国传统文化更强调集体主义，强调人在关系中的自我。"人是兼具身心互动与社会—历史—文化—宇宙自然相通、互相转化的关系性存在。"[1]而这其中，任何一端的联结的缺失都会使人心灵的安定感随之缺失，也更难以去找寻生命意义。

在这里，我们希望可以借由冯达文先生回归古典儒学进行的关于个

---

[1]冯达文：《个人·社群·自然——为回归古典儒学提供一个说法》，载《社会科学战线》2013年第6期，第227—235页。

第一章 生命的起源

人—社群—自然的论述,向大家提供一种价值观构建与生命意义书写的取向参考。冯达文先生从孔、孟两家关于人的天然本性的观点开启论述,孔子、孟子认为,人先天获得的或者被赋予的,不是个人的自立自存性,而是人在社群生活中体现的"亲亲之情""恻隐之心"。①

人之所不学而能者,其良能也;所不虑而知者,其良知也。孩提之童无不知爱其亲者,及其长也,无不知敬其兄也。亲亲,仁也;敬长,义也;无他,达之天下也。(《孟子·尽心上》)

孩童都知道爱自己的父母,长大以后,也都知道要尊敬自己的兄长。爱自己的父母,尊敬自己的兄长,便是仁和义。这是人不需要学习便能获得的良知,是对亲人、族群自然而然的道德情感。②

恻隐之心,人皆有之;羞恶之心,人皆有之;恭敬之心,人皆有之;是非之心,人皆有之。恻隐之心,仁也;羞恶之心,义也;恭敬之心,礼也;是非之心,智也。仁义礼智,非由外铄我也,我固有之也,弗思耳矣。故曰:"求则得之,舍则失之。"(《孟子·告子上》)

恻隐之心、羞恶之心、恭敬之心、是非之心,此"四心"是人性中天然存在的道德本性,叫人能够追求自身的道德修养,并且承担起对他

---

① 冯达文:《个人·社群·自然——为回归古典儒学提供一个说法》,载《社会科学战线》2013年第6期,第227—235页。
② 冯达文:《个人·社群·自然——为回归古典儒学提供一个说法》,载《社会科学战线》2013年第6期,第227—235页。

人、对社群的责任担当。

冯达文先生认为："儒家的创始人孔子和承继人孟子致力于守护由社群生活培植起来的情感，以使社群生活获得道德感与亲和性。及荀子则直接以理性的话语说明人为什么要取社群性的生活方式而且要讲求道义的优先性。"①

水火有气而无生，草木有生而无知，禽兽有知而无义；人有气、有生、有知，亦且有义，故最为天下贵也。力不若牛，走不若马，而牛马为用，何也？曰：人能群，彼不能群也。人何以能群？曰：分。分何以能行？曰：义。故义以分则和，和则一，一则多力，多力则强，强则胜物，故宫室可得而居也。故序四时，裁万物，兼利天下，无它故焉，得之分义也。（《荀子·王制》）

相比其他生命，人有气、有生、有知、有义。人的力量比不上牛，速度比不上马，但能驱使牛马为自己所用，正是因为人能够以族群为单位生活，而"义"是人类族群生活中所必需的。在此，荀子借由揭示个体的有限性去维护社群和构建公共社会。

西晋裴頠进一步揭示个体的有限性，并把社群生活提升到本体论的高度予以说明，指出个体通过汇聚，化有限为无限，从而获得"宗极之道"的一种本体性意义。

---

① 冯达文：《冯达文自选集》，中山大学出版社2017年版，第199页。

夫品而为族，则所禀者偏，偏无自足，故凭乎外资。（《晋书·裴頠传》）

每一个个体、族类都有不同的特性，难以自存，因而需要"凭乎外资"，以与其他个体、族群相互联系的姿态存在于世间。

基于以上讨论，冯达文先生认为，中国古典儒家从一开始就是以确认人的社群生活及维系社群社会生活的道德信念的正当性为自己的基本思想方法和价值追求。而将人与社群的关系从时间和空间两个向度展开，便推导出了"人与天地、宇宙同样有着强烈联结"这样的结论。因此，儒家在发展中关注人类理性认识的同时，也引入了信仰的成分，由此构成了和谐的多元宇宙论。

有天地然后有万物，有万物然后有男女，有男女然后有夫妇，有夫妇然后有父子，有父子然后有君臣，有君臣然后有上下，有上下然后礼义有所错。（《周易·序卦》）

礼有三本：天地者，生之本也；先祖者，类之本也；君师者，治之本也。无天地恶生？无先祖恶出？无君师恶治？三者偏亡焉，无安人。故礼上事天，下事地，尊先祖而隆君师，是礼之三本也。（《荀子·礼论》）

仁之美者在于天。天，仁也。天复育万物，既化而生之，又养而成之，事功无已，终而复始，凡举归之以奉人。察于天之意，无穷极之仁也。人之受命于天也，取仁于天而仁也。（《春秋繁露·王道通三》）

在儒家的宇宙论中，个人被放置于家庭、族群、社会、国家、天地的层层套叠的网络中来理解。天地作为万物之源，使其生生不息的功能被强调，因而，人应该对天地怀有敬畏与感恩之心，对社群与自然延续承担责任。人的生命维度既在时间上纵向展开，也在空间上与万物相融。个体的生命意义也由此得以扩展到更广、更远的时空中去追寻。以只关乎个人的欲求或情感体验作为生命意义构建的取向并非不可，但个体的有限性使得如此构建起来的意义容易被消解。当我们以"万物一体"的角度去思考人生意义时，便能够与天地相通，将个人的有限努力融入天地延绵不绝的发展中，以连接有限与无限，从而获得足以令人心安定、向前的意义感。

第二章　不确定性的追问

飘风不终朝，骤雨不终日。

——老子

在 17 世纪之前，欧洲人所能见到的天鹅都是白色的，所以他们一直以为世界上的天鹅都是白色的，这个误解持续到他们发现了澳大利亚。1697 年，荷兰探险家威廉·德·弗拉明格领导的探险队在搜索澳大利亚西部珀斯的天鹅河时，第一次看到了当地的黑天鹅。这说明只要有一个小小的意外观察结果，就可以推翻一个普遍的论断，普遍认为是对的，并不等于以后总是对的。这是纳西姆·尼古拉斯·塔勒布的《黑天鹅》中的故事背景。

"人有悲欢离合，月有阴晴圆缺，此事古难全"，这是因涉及政治纷争而辗转多地为官，与胞弟苏辙多年未见的苏轼，于 900 多年前的公元 1076 年的中秋，皓月当空、银辉满地之时所作。所述的是千年恒常的人与事及千万年恒常的宇宙天象，所要表达的是对世界无常、人世无常的坦然。因而唯有"但愿人长久，千里共婵娟"，将无奈化为愿望，将此刻化为永恒。

不确定性、可能性、随机、混沌、无常、不可预测、未知等都是我们在这个物理世界和人文世界里必然遭遇的"同一头大象"。无论是宗教、哲学、文学、诗歌，还是数学、物理，天文、地理，都各自在触摸着这头"大象"的"一条腿"。

一、只是习惯使然

18世纪有个哲学家休谟,他也提出了与黑天鹅例子类似的疑惑,后人称之为休谟问题:我们有什么理由从对个别事例的观察中引出普遍性的结论?这个问题后来被哲学家表述为同一个问题的两个层面,一是因果问题,二是归纳问题。

休谟在《人类理智研究》中将人类关于世界的理智活动与知识分成两类,一类是观念的联结,另一类是实际的事情。前者涉及的是抽象的逻辑概念与数学概念之间的关系,以直觉和演绎推理为主,通过证明概念就能发现其确定性的结果,比如,"三角形的三个角的度数和是180°"这样的命题,就能通过思维去发现或者证明。后者涉及的是现实世界的情况及事件之间的关系,这些关于现实世界的命题尽管陈述起来可以是很明确的,但是未必有前者的确定性,各种"事实"的反面都是可能的,因为它并不完全根据定义来进行推理,像"太阳不出来"这样的命题,尽管直觉上几乎是不可能的,但是也存在发生的可能性。这类命题往往是通过经验归纳推理得出的,但是这类思考也存在不确定性,得到的知识具有或然性,随着新的证据的出现,原来的论断会被修改更正。

关于实际事情的一切理论都建立在因果关系之上,即建立在如何得到事件之间的关系的普遍陈述之上。休谟在《人类理智研究》中指出:实际事情的一切推论都建立在因果关系上,这种关系的知识"都不是由

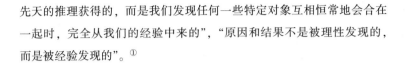

先天的推理获得的,而是我们发现任何一些特定对象互相恒常地会合在一起时,完全从我们的经验中来的","原因和结果不是被理性发现的,而是被经验发现的"。①

他继而问道:"由经验而得的一切结论的基础何在?"

休谟的回答是否定的——因果关系并不具有必然性,事件之间并不必然关联,这种感觉到的"必然"和"确定"只是人们心理的习惯。

休谟首先举了一个面包的例子:一个颜色和硬度都与面包相仿的物体是否一定能滋养人体呢?这并不是必然的。休谟在《人类理智研究》中指出,我们所能观察到的,只是原因和结果的恒常联结,而任何相似对象的恒常会合,在形式上只是一种重复,并不能产生新的概念。也就是说,即使我们吃了一百个面包,并得到了相应的滋养,我们也不能断言第一百零一个面包会有同样的营养。如同黑天鹅的出现,颠覆了之前以为只有白色天鹅的结论。于是,他提出了这样一个问题:我们有什么理由从对个别事例的观察中引出普遍性的结论?这正是我们所有日常经验论断的来源,一切信誓旦旦,经常有可能被反转。经常自认为是确定无疑的,却在某个关键时刻不那么可靠,变得出乎意料。

休谟自己的答案是——"习惯"。"每当对任何特殊活动或作用的反

---

① [英]大卫·休谟:《人类理智研究》,周晓亮译,中国法制出版社 2011 年版,第 22 页。

复,不用任何理智推理或过程的推动,就产生了重复同样活动或作用的倾向,我们就总是说,这种倾向是习惯的结果。"①

习惯发端于经验,与推理无关。我们在日常生活中发生的种种事件,构成了整个人生的经验,它是一个人的人生流水。同时,每个人回望或翻阅自己的流水时,反思过去,无论是吸取教训做出改变,还是再接再厉保持原状,都在相似的情景中,重复着人生流水上相似的步骤。

当然,这种习惯的作用并不能保证一切现象事件一定会按照它的规律必然地发生,但是它能给我们建立主观上的条件,使我们从主观地、出于习惯地认为因果关系具有必然性、确定性,过渡到客观的必然性——假定在事物中间存在着必然性。这种以习惯为根据所假定的关于自然现象的因果必然性,虽然并无任何保证,但如同上述所说,却是人们在实际生活中面对大部分不确定性具有的态度。

因此,休谟说出自己的名言:"习惯是人生的伟大指南。"这是我们一切实际生活所依赖的本能。休谟认为:"根据经验来的一切推论都是习惯的结果,而不是理性的结果。"

---

① [英] 大卫·休谟:《人类理智研究》,周晓亮译,中国法制出版社 2011 年版,第 35 页。

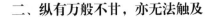

二、纵有万般不甘，亦无法触及

因果关系的不确定性塑造了日常生活经验。当我们把眼光放到19世纪末20世纪初（一个世纪前的恢宏年代，物理和数学两大领域相继宣告各自的大厦已经建成，后人只需要做一些修饰和修补），新的理论及新的领域的开拓，给了当时各自在自己领域做出如上论断的物理学家和数学家以狠狠回应。

在数学层面，"罗素悖论"的发现，瓦解了康托尔的集合论作为数学基础的根基，使人们发现在概念领域，常常有一些看似直觉和正常的概念在公理体系中会产生致命矛盾；哥德尔的不完全性定理的证明，更是将数学真理与证明两个概念分开，让人们意识到，在原有的公理体系中存在着一些命题，是无法被证明为真或者为假。换句话说，特定的单一系统依靠证明作为认识真的方式是有限制的，我们以为我们必然能够知道哪些命题为真，哪些命题为假，但是，如果我们局限在某个特定的系统中，我们可能连认知到达这些命题的方式都没有。

在物理学层面，量子力学理论的产生、不确定性原理的发现及"薛定谔的猫"的思想实验解开了物理世界不确定性的谜团。

沿着休谟讨论因果必然性的思路，可知我们在生活中的一切知识都来源于经验，来源于经验当中的事件之间的恒定联结。但是，即便这种恒定联结是成立的，不确定性原理依然告诉我们，在微观层面，我们甚至连粒子的确切状态都无法得知，即便假定事件是恒定联结的，但从观察者看来，你能知道的仍然是不确定的、或然的，它们受概率和统计的描述支配。

海森堡于 1927 年 3 月 23 日在《物理学杂志》上发表了不确定性原理的公式。如果说休谟认为只有经验才是一切知识的来源，那么，对于海森堡来说，只有在实验里能够被观察到的物理量才具有物理意义，才可以用理论来描述其物理行为。而一个粒子的确切状态由其动量和位置共同决定，不确定性原理的这个不等式表明，这两个物理量的误差的乘积是有下限的。这意味着，其中一个物理量误差越小、越精确，与此同时，观察到的另一个物理量误差就越大、越不确定。所以，一个运动的粒子的位置和它的动量不可被同时确定。

就好比房间里有个球，你被蒙上眼睛，为了确定球的位置，你就用脚去试探，但是用脚确定球的位置的时候，球会被踢到，从而动量也会发生改变。

但是，用这个比喻来解释不确定性原理并不准确。物理世界的这种不确定性是本质性的，因为用来测量的工具是光。光本身具有波粒二象性，光子的位置和频率（动量）也同样遵循这种不确定性。很快，海森堡也发现了其他物理量的不确定性关系，比如，能量和时间的不确定性关系，能量测得越精确，时间就会变得越模糊，反过来，时间测量得越精确，能量就越大规模地起伏。

对于因果关系而言，休谟怀疑的是因果关系的必然性、确定性，是在假定观察到的事件确定的情况下（感知经验是确定的情况下），事件关联的不确定性。而不确定性原理表明，在微观世界中，本质上，我们无法精确描述粒子的状态，从而也无法精确描述状态的改变，以及粒子之间的关系。我们对粒子事件之间的描述也是依靠概率统计的，传统的观念中的严格的因果关系在微观的量子世界中是不存在的。这既是理论推导，也是物理事实。

作为应对，需要以一种统计式的解释来取代因果关系。换句话说，我们不知道一个东西在不在某个地方，只能说，这个东西有多少可能在某个地方。"薛定谔的猫"的思想实验描述的正是在宏观层面的这种不确定的状态。

把一只猫放进一个封闭、不透明的箱子里，同时，在箱子里再放上一个放射性原子（衰变概率为50%）、一个粒子探测装置、一瓶剧毒物质、一把锤子。

如果放射性物质发生衰变，粒子探测器就能接收到衰变放射出的粒子，然后发出信号让锤子打碎装着剧毒物质的瓶子，这样，猫就会必死无疑；但如果粒子不衰变，猫就会活着。也就是说，猫的状态由粒子是否衰变决定。

在没打开盒子之前，你无法确定猫的状态是生是死，因为根据经典物理学，盒子里的猫只有生或死两种确定的结果。而外部观察者只有打开盒子才能知道里面的结果。

但是，如果把这个思想实验作为上面不确定性原理的一个比喻，在量子的世界里，当盒子处于关闭状态时，整个系统是处于不确定性的状态的，即猫是处于既生又死的叠加状态，生和死是同时存在的。只有在打开盒子的瞬间，两种可能性才能坍塌到一种可能性，要么是好的坍塌到坏的，要么是坏的坍塌到好的，这个过程就是著名的"薛定谔的猫"。

这个思想实验最初是用来反讽不确定性原理的，因为在现实世界中，这只猫肯定是只有生或者死，没有模糊地带。当然，我们可以进一步分析，猫的死活与原子核的衰变与否是完全确定关联的。那么，我们来观察原子核的衰变。根据量子力学，未观察时，原子核处于已衰变和未衰变的叠加态，此时，猫随着原子核的叠加态进入又死又活的状态（前提是衰变—剧毒—猫死亡这个因果链条是必然且确定的）。

这样，微观的不确定性变成了宏观的不确定性，而且这种不确定性仍然是以观察者为中心的。微观层面的观测的不确定性有本质属性。而宏观层面的观察则有所不同，宏观的观察对所看之物并无影响，只会因为前后信息的改变导致信念发生改变。作为一个比喻，尽管我们对宏观世界有各种不完全的认知从而导致各种不确定性的论断产生，导致各种焦虑，但是看一看总可以吧？！看了就知道了！

三、千言万语总难传

人与人之间的沟通，发出的是言语、文字、手势和图像，传达的是意义与情感，实现的是理解。从思想情绪到可展示的言文图再到思想，理解的过程包含编码—传输—解码的过程，编码—解码的过程如同两种语言的翻译过程。但是，除非有一种方式让一个人直接感知到另一个人的大脑状态或者心灵状态，不然以上这些过程的信息传递总有变化：或增或减或改变。就像综艺中经常出现的传话游戏，共同的生活经验及多次的沟通确定使得这个过程仍然保持着某种确定性。

如同对古代诗词的理解一样，我们从小到大的语文教育着重于理解诗词中的意象——特定词汇在语境中呈现的有别于该词词典常用意义的另一种意义，比如苏轼的《水调歌头·明月几时有》的"但愿人长久，千里共婵娟"，"婵娟"代指"嫦娥"，此处是"明月"之意，但凡望月，情绪上总会渲染着某种怀思，这里是对分离着的家人朋友团圆的期盼。又如，张若虚的《春江花月夜》：

>江畔何人初见月？江月何年初照人？
>人生代代无穷已，江月年年望相似。
>不知江月待何人，但见长江送流水。
>…… ……

有时候初到一个地方，只是觉得很熟悉，好像曾经来过一样，但是又好像很陌生。时光绵绵，江潮与明月共生，连天接海，波光粼粼。月光朗照万里，如霜似雪，充塞天地间。在这个世界里，与江潮明月相会的人，谁是那个第一个抬头的呢？江上的月亮又是什么时候照临人间，第一次与人相会呢？无穷无尽，亘古不变，似乎你我之间有个永恒的约定。古人在江边望月，今晚也让"我"偶遇这美景，个体的生命何其短暂，但就人类的整体而言却代代更替，穿越时空，似乎在践行某个誓言，而江上的月亮也不知道是在等候着什么人。

我们不知道这里的月亮是否还有其他深意，只是觉得在这里，它从一个物理世界的物体，变成了人类世代更替长河里的一个锚定、绵绵时空里的标记，让情绪有了穿越宇宙古今的载体。

理解诗歌是非常吃力的，也是无可避免的。词典固定了词汇的意义，同时也限定了表达的程度，文字也罢，图像也罢，唯有通过这种超越式的意象意境的构建与传达，我们才能再去感受和理解彼时彼刻。

但是，我们还是聚焦于词典这种具有公共意义及固定地确定词汇意义的方式。

说同一种话的人共享着这种语言的发音及其对应的意义，只有在假设双方都知道发音与意义的固定联系时，才能实现完完全全的、百分百的传达。为此，哲学家蒯因设计了一个这样的思想实验，用来说明翻译的意义的不确定性问题。

蒯因设想有一位语言学家，孤身前往某个土著部落去调查并翻译一种未知的土著语言。之所以假定这种语言的翻译情况，是因为蒯因认为我们的翻译活动不只是纯粹的意义上的翻译活动，还有很多非语言因素，比如语言之间的亲近相似关系，以及与语言互相依存的文化背景

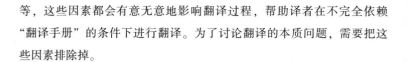

等，这些因素都会有意无意地影响翻译过程，帮助译者在不完全依赖"翻译手册"的条件下进行翻译。为了讨论翻译的本质问题，需要把这些因素排除掉。

也就是说，这个语言学家并没有任何现成的"翻译手册"（比如词典或指南），蒯因所能依据的客观材料，只能有他在当地的所见，以及所观察到的外部刺激和反应。此时，翻译技巧、语言对比、语音分析等常用方法都用不上。他只能把听到的句子与所看到的、促使这个句子发生的外部刺激联系起来，然后通过问询等互动方式来建立语言的匹配，从而编纂一部"翻译手册"，以供随时使用。在这种情况下，语言学家和土著部落之间所产生的刺激越明显，则越容易首先被翻译，意义也越容易被固定。

假设在现场，语言学家和土著同时看到一只兔子疾驰而过，这时土著说了一句"伽瓦盖"（gavagai）的语音，那么语言学家怎么翻译这个语音呢？

蒯因认为，语言学家首先会记下"兔子"作为"gavagai"的暂时译文，但这只是一种假设，还有待进一步证明。接着，语言学家会进一步观察土著在不同情况下对类似刺激的反应，然后通过询问土著的意见（同意还是反对）来确定句子的意义（当然，前提是语言学家事先掌握了土著表达同意和反对的方式）。

经过反复的"刺激—询问"尝试，语言学家便可以在定量分析上做出如下结论："gavagai"与"兔子"两者的刺激意义基本一致。这里的刺激意义指的是，一个句子对一个说话者在特定时刻的意义。比如，每次有兔子疾驰而过时，土著就说"gavagai"来对应这个时刻的兔子。但是，语言学家仍然不能完全确定"gavagai"对应的就是"兔子"的意思。其原因在于，"兔子疾驰而过"让土著说出"gavagai"的应激条件在另一种语言中可能有多个表达式与其相匹配，比如"兔子未分离的各部位""右腿有毛的兔子""处于某个阶段的兔子"等，这些作为应激条件都是合理的，但是，在另一种语言中，它们彼此具备不同的意义，互不等价。综上所述，我们得出意义的不确定性导致了翻译的不确定性。

当然，还可以进一步分析，假设语言学家通过观察、假设、验证并归纳得到结论"gavagai"就是"兔子"，但我们仍然有理由使他怀疑这可能是错的。因为"gavagai"除了可以指"兔子"，还可以指兔子的未分离部分或者兔子的某种状态。在以上兔子出现的刺激环境中，只要有兔子的一个未分离部分出现，或者兔子出现了一段时间后，就会触发土著说出"gavagai"，如果"gavagai"是一个词项，那么它的指称也是不确定的，并且这些可能指称与行为证据并不矛盾。

当然，你也可以反问，以上种种不确定性可以通过一边指着兔子的具体部位，一边询问土著以是或不是的方式来答疑解惑。但是，蒯因认为这个方式也是行不通的。因为指着兔子的时候，你实际上已经指着兔子所处的一种状态或者兔子不可或缺的一部分了；而当指着兔子不可或缺的一部分时，你也同时指着整个兔子或者兔子所处的一种状态，这就陷入循环指称的怪圈了。当然，语言学家可以指着兔子的某个部分，同时询问土著有关兔子的问题,如:"这只 gavagai 是不是与那只一样?""这里有一只还是两只 gavagai?"这样可以更具体地确定"gavagai"的刺激意义,但是,要求语言学家具有丰富的土著的语言知识,不是单纯的"gavagai"及"回答是与不是"这样的方式所能应对的,这些知识恰恰是其当前欠缺且需要学习的。

蒯因的这个思想实验告诉我们,要意识到外部的行为倾向并不足以确定其意义和指称。人们对两种不同的语言的理解和把握其实是带着很大的主观意志和臆测成分的,几乎都是开局一句话,意义全靠猜。而基于这样的不确定性,世界上也就不可能存在唯一正确的翻译,即"正确的"翻译可能有多种。

让我们再回到人与人沟通理解的生活场景中。思想与思想、情感与情感并不能直接被获知,无论是语言、文字、图像,还是这个过程中随附的表情姿势,在特定情境下的刺激,另一方的理解仍然有多种可能,我们遵循着"刺激—反应"这样的期待来理解他人,只是在大多数情况下,其中一些不同理解仍然可以诱发期待的行为反应,因而暂时还没看出差别。文学作品给我们提供了很多这样的例子,"一千个读者有一千个哈姆雷特"正是这样的感慨。

在我们开展心理健康教育的过程中,同样也会发现,我们的同学也在经历着这种不确定性的困扰。我们常常以自我理解的方式去呈现自己的期待和需求,并期待对方可以轻而易举地感知到我们的状态,而这一模式总是以自我挫败的结果结束。因为在我们的日常生活中,我们大抵并不会动用我们整个人/自我去感知他者（毕竟这是需要训练，而且也是一件比较辛苦的事），而这往往就意味着我们很难真正地与别人感同身受。因此，我们在做心理健康教育时，总会与同学们分享的是，要学会为对方听到什么负责，而不仅仅是为我们说了什么负责。这一句话有两个提醒：一是我们自己的表达，总可能会有偏差地到达他者那里，所以要学着理解现实情景的那些不遂人意的事；二是如果我们要真正地听到他者，那我们不仅要动用我们的耳朵，而且要动用我们整个人去听，"听"的繁体字为"聽"，其意为"以耳为王，借十目以观，系乎一心"，即听意味着要动用我们的多种感官，并学会用心去听，这般才能真正领略听的真谛。

四、一往无前

无论是物理世界的不确定性，还是社会生活领域的随机，无论是宗教领域的人生无常，还是文学表лица里的感受困难，他们都共享着一些等价的属性——世界的本源状态及认知所能达到的限度。希尔伯特曾经豪言："我们必须知道，我们终将知道。"然而，我们仍然是"我们以为知道，我们仍不知道"。

无论如何，面对未知总是会有恐惧，但幸运的是总有人一往无前，内心澄明坚定。因为这是我们生而为人的"本性"。

五、性与命:不确定性下的坚定

孟子之前的人性论,大约可以分为三种:性无善无不善、性有善有不善、性可善可不善,皆是以"生之谓性"为进路。①生之谓性,是指以自然而生的材质为人性,即人的形躯生命所具有的种种现象都可以用来说明人性。而孟子所说的性,是以人的道德性来说人性,而不是人的自然之性,即不以生理本能和心理欲望等为人性。人的存在价值并非仅是生命的延续,生命除了包括形躯以外,也包括道德的扩展。

孟子认为,耳目之官的生理欲望之性属于自然之性,虽然也称之为性,但这方面的性不是人之为人的本性。②这种生理需求、口腹欲望的自然之性虽然是先天的,但欠缺自觉反省的能力,是人与动物共享的"性"。孟子指出,如果以此"性"为"人性",是"率天下之人而祸仁义"。孟子言性是从人的道德心来说性,人具有道德实践的主动性,人的性也是在社会实践中得以完成的。蔡仁厚指出,孟子所说的"性"有三个含义:第一,"此天之所与我者",表示性的先天超越性;第二,"我固有之",表示性的内在性;第三,"人皆有之",表示性的普遍性。③而正由于"性"是普遍的、内在而超越的,每一个人都能在他的心性中发现自足圆满的安顿,这种安顿不取决于外部的得失际遇,正如

---

① 原文见《孟子·告子上》:"公都子曰……然则彼皆非与",转引自(宋)朱熹《四书章句集注》,中华书局 2011 年版,第 307 页。
② 原文见《孟子·尽心下》:"口之于味也……君子不谓性也",转引自(宋)朱熹《四书章句集注》,中华书局 2011 年版,第 346 页。
③ 蔡仁厚:《孔孟荀哲学》,台湾学生书局 1999 年版,第 221 页。

徐复观所说，每一个人的自身即是一个生生不息的宇宙。①

孟子认为，人有乐于为善的情感，这种"乐"不是因为感官欲望的满足而产生的，而是仁心的自觉要求。古之学者积极地扩充恻隐、羞恶、恭敬、是非之心，依据心的指引践行仁义，能够获得人格的尊贵、实现人之为人的价值。而以仁心行动，践行仁义的人在生活中未必能得到好的回报，人面对这种缺憾就产生了"命"的感觉。②

在"尽义"的道德实践中，人感受到生死吉凶、得失际遇都不是人力能够掌控的。但是天授仁心善性予人，人受此仁心善性的驱动而自觉行动，能够正视外在的得失际遇而坚持"由仁义行"，遵从人内心最本真的意志行动，并在实践中开展无限的创造力。正如唐君毅所说，人遵循本心行动，在与父母兄弟的关系中实践仁，在君臣关系中实践义，在宾主关系中实践礼，这些都是天命所赋予的不得不遵从的。但人在具体的生活实践中遭遇何种情境是人不能决定的，因此，"我或如武王周公之以文王为父，或如舜之以瞽瞍为父；我或如周公召公之以武王为君，或如比干之以纣为君……我皆必须有以自尽其道"③。人"本乎仁义"的实践行为，在"尽义"的同时也是尽天命，这就是牟宗三所说的"天

---

① 徐复观：《中国人性论史：先秦篇》，台湾商务印书馆1969年版，第182页。
② 徐复观：《中国人性论史：先秦篇》，台湾商务印书馆1969年版，第123页。
③ 唐君毅：《中国哲学原论：导论篇》，中国社会科学出版社2005年版，第545页。

道性命相贯通"的含义。孟子进一步认为，人在天道的"命令"下的不容已的道德实践使人能够涵容命定之感，"饱乎仁义"，从而获得德福一致的满足。

人有世俗欲望，同时也有"饱乎仁义"的德性要求，两种欲望落在生活的实践中都有可能面对欲求无法满足的缺憾。面对生活世界的种种抉择，我们又该如何坚守本心真性？孟子提醒我们"自反而缩，虽千万人，吾往矣"。

第三章 主动的选择

竹杖芒鞋轻胜马,谁怕?一蓑烟雨任平生。

——苏轼

在阅读本章之前,请先思考如下问题:

外在的不确定性和内心如何相连?人可以做出智慧的选择吗?

"薛定谔的猫"处于既死又活的状态,只有在打开盒子的那一刻,实验者才知道猫的具体状态。"薛定谔的猫"这个实验把量子力学的量子不确定性放大了,让人在宏观上对不确定性有更直观的理解。猫既死又活,在逻辑上是不成立的。物理原理有不确定性,人的生活日常也总是要面对不确定性。

一、环境的不确定性

人是渺小的。人类在茫茫宇宙中的一颗星球——地球上生存、繁衍,人类历史只是宇宙历史的短短一瞬。人的平均寿命不过百岁,但是凭借生生不息的力量,人类造就了辉煌灿烂的文明。人类经过百万年的演化生存下来,拥有聪明的大脑,相互依靠,组建社群,建立国家,缔造共同体,并用各种制度维护共同体。而人类形成的共同体的制度、文化,又对人产生了约束和保护。因为人是弱小的,所以人的生存必然需

第三章 主动的选择

要合作。然而，人类本性亦不乏贪图享乐与自私的成分。于是，在这个星球上有军备竞赛，有世界大战，有无休止的比较，有同类之间的残杀。

人类生存下来，是自然选择的结果。尽管科学家试图通过认识自然、研究自然、探索自然，以尽可能地规避人类面对的自然风险，但是仍然无法完全破解自然的秘密。已知的知识有界，而未知的知识无界。

人类从远古走来，将会到何处去？我们是无边时空里的一介微尘。宇宙的未知、地球的未知、人类的未知，都是我们需要面对的不确定性。既然自然选择了人类，那人类应该选择什么呢？

在科幻片《流浪地球》中，由于科学家检测到太阳即将在400年后成为红巨星，爆炸并吞噬地球，所以，全球联合政府决定给地球装上发动机，把地球推离太阳系，用约2500年在宇宙中流浪，目的地是比邻星的行星轨道。想象一下，当关乎地球生死存亡的时刻来临，我们会做什么？我们又能做什么？我们不会对地球的毁灭、人类族群的毁灭无动于衷，我们会动用一切力量保住地球，延续人类的生存。到目前为止，人类从未遇到过地球毁灭的危机，若危机真的来临，人性的挣扎、权力的争夺、政权的更替等变量，都是无法预测的。也许你会说，科幻片离我们太遥远，我们不必忧虑太阳爆炸这种特别遥远的事情。太阳是否会爆炸，宇宙是否会毁灭，地球是否会被小行星撞击，地震、海啸等自然灾害是否会来临，这些都是自然界的未知和不确定性。而在人类社会中，我们不一定了解他人，了解社会运行的规则，了解我们所处的环境。可能我们很少意识到这些，因为每个人都形成了自己的一套固有的行为方式,只要不遇到什么困难,我们是不会去思考这些问题的。面对未知和不确定性,我们有时会感到好奇、兴奋、刺激,有时又会感到恐惧、孤独、无奈。一切外在的不确定性都是客观存在的,当我们意识到它时,它便与我们发生了关联。由于不确定性,迷茫与恐慌动摇了安定的身心。这时候与我们有关的,首先是我们的心。所以,面对不确定性,我们最先应该做的是回到自己的心,去感知自己的身心。

二、感知自己

人是重要的。我们对于父母、伴侣、孩子、朋友而言是重要的,我们对于所在的社群、所处的自然而言是重要的。毕淑敏在《我很重要》一文中说:"我是由无数星辰日月草木山川的精华汇聚而成的。"[①]我们每一个个体都是人类链条的一环,我们的重要性与生俱来。毕淑敏说:

是的,我很重要。我们每一个人都应该有勇气这样说。我们的地位可能很卑微,我们的身份可能很渺小,但这丝毫不意味着我们不重要。……人们常常从成就事业的角度,断定我们是否重要。但我要说,只要我们在时刻努力着,为光明在奋斗着,我们就是无比重要地生活着。(《我很重要》)

如果说,人类在宇宙中最根本的选择是共存,那么,人在生命中的选择是什么?

[①] 毕淑敏:《我很重要》,漓江出版社2017年版,第2页。

第三章　主动的选择

莎士比亚说：

生存还是毁灭，这是一个问题。

康德在《实践理性批判》中说：

有两样东西，越是经常而持久地对它们进行反复思考，它们就越是使心灵充满常新而日益增长的惊赞和敬畏：我头上的星空和我心中的道德法则。

罗素在《我为什么而活着》中说：

对爱情的渴望，对知识的追求，对人类苦难不可遏制的同情心，这三种纯洁而无比强烈的激情支配着我的一生。

鲁迅在《随感录四十一》中说：

愿中国青年都摆脱冷气，只是向上走，不必听自暴自弃者流的话。能做事的做事，能发声的发声。有一分热，发一分光，就令萤火一般，也可以在黑暗里发一点光，不必等候炬火。

此后如竟没有炬火：我便是唯一的光。倘若有了炬火，出了太阳，我们自然心悦诚服的消失。不但毫无不平，而且还要随喜赞美这炬火或太阳；因为他照了人类，连我都在内。

苏格拉底说：

未经审视的人生是不值得过的。

在有些事情上，我们没有选择，我们要面对的是既定的事实。我们天生就是独一无二的，我们的父母、我们的生长环境都不是由自己选择的，我们的性格、长相、身体有太多的给定性，我们每个个体都是自然凝聚的结晶，也是被选择的结果。然而作为人，我们仍有选择的权力和改变的能力。我们可以选择在给定的基础上成长自己、成为自己。我们在自然中生长，在社会中生活，把目光拉回到自我身上，我们所做出的选择可以是具体的（比如学习专业的选择、职业的选择、生活方式的选择），也可以是抽象的（比如价值观的选择）。

实际上，我们早就做出过大大小小的多种选择。根据阿德勒的个体心理学，每个个体从孩童时代就会形成自身的人格，个体的每一个行为的背后是个人的统一人格。阿德勒说："所谓人格的统一，即每个人的发展及行为都是由他如何理解事物而决定的。然而社会是发展变化的，人们应不断更新和培养自己的社会意识，以协调自己的心态和行为。"[1]人格的存在并不意味着它能够被感知，因此，我们要做的是感知、理解自己已经形成的统一人格，并在此基础上再进行改变。

---

[1] ［奥］阿尔弗雷德·阿德勒：《儿童人格形成及培养》，张晓晨译，内蒙古科学技术出版社 2018 年版，第 13 页。

三、勇敢选择

人是聪明的，也是爱攀比的。当人考虑选择的时候，人的比较心便充分显露，我们必定是比较了 A 和 B，然后选择了 A，才会说，"我"选择了 A。而当"我"不再比较意向中的 A 或 B，选择就不是重要的，重要的是 A 或 B。当选择本身受到重视的时候，我们可能会囿于比较，也因此容易产生不满足或后悔。

平常人都会有分别心和比较心，经由自己的思考做出的选择更值得坚守，而不是人云亦云或屈服权威。我们不妨问自己："我是谁？我要什么？这样做好不好？"

主动做出选择，并为自己的选择负责，是个体精神独立的体现。从众或顺服于权威，容易带来外在的安全感和满足感，但是一旦如此，人就把独立之精神、自由之思想交付出去了。

我们可能曾被教育"知足"与"顺其自然"，但如果没有勇敢地追寻、主动地选择，合法、合理地发展天性，宣泄个人真实的能量和情感，那么，在能量堤坝崩溃之时，将会伤人伤己。因此，我们要听从自己内心的声音，相信自己可以主动选择。

在《牧羊少年奇幻之旅》中，牧羊少年一开始就很勇敢，他因为喜欢看世界而放弃做神甫，选择做一个牧羊人。他遇上的耶路撒冷之王告诉他："你已经能够完成你的天命了。天命就是你一直期望去做的事情。人一旦步入青年时期，就知道什么是自己的天命了。在人生的这个阶段，一切都那么明朗，没有做不到的事情。人们敢于梦想，期待完成他们一生中喜欢做的一切事情。但是，随着时光的流逝，一股神秘的力量开始企图证明，根本不可能实现天命。"由于耶路撒冷之王知道自己的过往，而且牧羊少年的确迷惑于自己反复做的同一个梦，他最终相信了耶路撒冷之王，踏上了寻找宝藏的征程。在这个过程中，他不止一次想要放弃，但是每次在关键时刻，都有人告诉他不要放弃，坚持梦想，继续寻宝。牧羊少年一次次放弃安稳而选择追寻天命，他的愿望是云游四方，他的天命是寻找远方的宝藏。

牧羊少年毅然选择了追寻梦想，放弃安稳和勇敢出发是主动的选择，荆棘载途和危险相逼则是不得不面对的命运。"在实现一个梦想之前，世界之魂永远都会对寻梦者途中所学到的一切进行检验。这种做法并无恶意，仅仅是为了不让我们远离梦想，并让我们获得寻梦过程中学到的经验教训。这是一个大多数人可能会放弃寻梦的时刻。"[1]寻梦路上必定是机遇与挑战并存，而《牧羊少年奇幻之旅》作为一部发人深省的成人寓言，最终给出了一个浪漫主义式的结局。

在寻找宝藏的最后，炼金术士告诉牧羊少年，要倾听心的声音，与心和谐相处。所谓倾听心的声音，即关注自己的身体，使身体自然的本能反应与大脑主导的意识相和谐。《牧羊少年奇幻之旅》中有牧羊少年

---

[1]〔巴西〕保罗·柯艾略：《牧羊少年奇幻之旅》，丁文林译，北京十月文艺出版社2017年版，第166页。

第三章　主动的选择

与炼金术士的对话：

——那么，我为什么要倾听自己的心声呢？

——因为你永远不能让它沉默。即使你佯装不听它的话，它还是会在你的胸膛里，反复倾诉它对生活和世界的看法。①

大脑可以被欺骗，但心很难被欺骗。大脑可以调控心，但是，心的反应更趋于自然与本能。人进化得越高级，越容易忽略原始的反应。这个观点主要针对人对健康的忽视，以及对个人成长的漠视。倾听心声，就是要促进自身的成长，完善自己的人格，对抗世界的不公，而不是视他人为达到自己目的的工具。

"天命"绝不包含对他人的控制。康德说，人是目的而不是工具。勇气也要受到规则的束缚。在一个国家里，最基本的规则是法律，除此之外，还有规章制度、伦理要求、文化习俗等。人的选择必须要在规则允许的范围之内，因为人不是孤立地生活着的，人总是跟他人、社群发生关联。社群是个人身体的外在延伸，其和谐与个体的自我规训密不可分。

康德说："除非我意愿我的格律成为一项普遍法则，否则我绝不当

---

① ［巴西］保罗·柯艾略：《牧羊少年奇幻之旅》，丁文林译，北京十月文艺出版社 2017 年版，第 163 页。

有所行动。"在选择之前,应当动用智慧,谨思慎行,做到勇敢而不鲁莽。

当我们在面对世界的未知时,会有很多不确定性,我们最好一直倾听心声,也最好一直向自然万物学习,无论是选择勇敢求变,还是选择坚守包容,都时刻不忘敬畏和感恩。

四、超越选择

选择意味着比较,我们总是想选出哪个更好,但事实上,孰优孰劣,孰贵孰贱,孰大孰小,这种以工具理性为主导的价值判断排除了相对性,事实上,万物只是万物自身。人的主观意志具有局限性和执着性。在这个维度上,庄子的超越、超脱精神也许能给我们浮躁的心灵一丝慰藉。

物无非彼,物无非是。自彼则不见,自知则知之。故曰彼出于是,是亦因彼。彼是方生之说也,虽然,方生方死,方死方生;方可方不可,方不可方可。因是因非,因非因是。是以圣人不由,而照之于天,亦因是也。(《庄子·内篇·齐物论》)

"彼"与"是"是相对而言的,万物对于自身而言是"是",对于他物是"彼"。就像左和右是相对关系一样,"彼"和"是"相对,"彼"和"是"亦相生相存。"生"和"死"是相对的、共存的、此消彼长的。事物的判断既可以是"是",又可以是"非";既可以是"可",又可以是"不可",这表明价值判断的无穷相对性。因此,圣人不走是非对立的路子,而是超越二元划分,顺应自然,观照事物的本然,就像天(太阳)照耀大地一样。

> 天下莫大于秋毫之末,而大山为小;莫寿于殇子,而彭祖为夭。天地与我并生,而万物与我为一。(《庄子·内篇·齐物论》)

天下没有比秋毫之末更大的东西,而泰山却是小的;没有比夭折的婴儿更长寿的,而彭祖却是短命的。庄子认为,大小、长短都是相对的,每一样东西都会大于另一样更小的东西,都会小于另一样更大的东西。这似乎有违常识,甚至可以认为这是诡辩,因为我们一般不会认为泰山是小的,也不会认为彭祖是短命的。我们的日常生活需要运用分别心和比较心,内心总有标准,有成见,有架构,有衡量,并对此习以为常。而庄子用无限相对来破除相对,因为无限是相对的,所以没有执着的必要,所以我们看待事物不要抱有成心、成见,而应该以开敞的心灵关照万物。

> 以道观之,物无贵贱;以物观之,自贵而相贱;以俗观之,贵贱不在己。以差观之,因其所大而大之,则万物莫不大;因其所小而小之,则万物莫不小;知天地之为稊米也,知毫末之为丘山也,则差数睹矣。以功观之,因其所有而有之,则万物莫不有;因其所无而无之,则万物莫不无;知东西之相反而不可以相无,则功分定矣。以趣观之,因其所然而然之,则万物莫不然;因其所非而非之,则万物莫不非;知尧桀之自然而相非,则趣操睹矣。(《庄子·秋水》)

《秋水》中的这一段话亦体现了齐物观点。庄子解除天地和稊米、毫末和丘山的大小差异，即事物的贵贱、大小，功用的有无，取向的是非都是相对待而言的。"以道观之，物无贵贱"，道不评判事物的贵贱；"以物观之，自贵而相贱"，物以自身作为好的评判标准；"以俗观之，贵贱不在己"，贵贱若是任人评判，则好坏不由自己。

或许是因为人非圣贤，我们无法回避现实生活中的是非、好坏、善恶、美丑二分，我们也无法逃避判断和选择，良心要求我们追求善、好，摒弃人性之恶。这样的追求纵然是好的，但是，按照庄子的齐物思想，即便是好，也不要执着。就像一年有四季，春生夏长，秋收冬藏，万物总有变化，循环往复，生生灭灭又生生不息，对立的两极是此消彼长的。庄子的"齐物"旨在破除自身的执着，缓解内心的冲突与对立，拓宽精神空间，终而达到"逍遥"的自由心境。

人与自身联结，与社群联结，与自然联结，所以，让我们倾听心声，与自己对话；推己及人，传递善好；亲近自然，感悟万物有灵。若选择很重要，愿能相信，我很重要，主动选择自己的命运；若能超越选择，愿能消除偏见，逍遥而行。

第二编

运 思

第四章　被理解的痛苦

断除烦恼重增病，趣向真如亦是邪。

——张拙

每一次呼吸，都是新生。

真正的快乐不假外求，其中自有清白的良心、温柔的坚毅及恰如其分的行动。

在阅读本章之前，请先思考以下几个问题：

（1）最近一次身体不舒服是什么时候？当时的身心感受如何？

（2）心中有没有一直困扰你的烦恼？如果有，在每次烦恼升起时，你都有哪些情绪？

（3）你对自己当下的身心状态满意吗？如果不是很满意，那么你理想的身心状态是什么样的？

（4）老子说："吾所以有大患者，为吾有身，及吾无身，吾有何患？"有人提出疑惑："没有'身'，何来'吾'，何从谈大患？"老子将"身"当成是"吾"构建的"领属地"，提出疑惑的人认为"身"是"吾之为吾"的生物基础，没有身就没有精神活动，没有精神活动我们就不可能发出关于身心的反思。关于"身"，你比较赞同哪种说法？

（5）有四种选择：用手抓着沙，用手拿着玫瑰，用手捧着金子，空手什么也不拿。你需要拿着这个东西保持很久的姿势，如果不考虑手上这些东西的功能，你会做出怎样的选择？

（6）你感受过自己一次完整的呼吸吗？你有没有认认真真地吃过一餐饭，什么也不想，只是关注食物以及自己的咀嚼？如果没有，吃饭的时候你通常在做什么？

（7）列举一下你觉得自己坚持得比较好的生活习惯或者学习习惯，它们给你带来什么益处？

（8）你有偶像吗？他为什么会吸引你？问问自己，你是更愿意拥有他，还是更想变成像他一样优秀的人？

一、先看看别人的痛苦

关于前三个问题，如果在你的脑子里已经隐隐约约有了答案，现在，邀请你带上让你觉得不太愉悦的事件，与我们一起探索一下"疼痛""烦恼""坏情绪""不满意""痛苦"的经历。先让我们为自己的勇气点赞，毕竟大多数人"谈苦色变"，而我们此刻正是鲁迅眼中"敢于直面惨淡的人生"的勇士。下面四位同学最近正在经历一些"不

第四章 被理解的痛苦

容易"，一起来看看，你有没有"中招"？

A同学最近感冒了，全身酸痛，晚上睡觉只能张着嘴巴，口干舌燥，头痛欲裂，马上就轮到他做读书报告，他却大脑空空如也。这几天，他感觉胸口像是压了一块大石头，烦闷、焦虑的情绪萦绕着他，他逼着自己从床上爬起来看书，却感觉周身忽冷忽热，小命要紧，他又躺回床上，怀着焦虑和交不出报告的恐惧睡去。压力让他痛苦。

B同学最近和男朋友有些不愉快，初恋时那种"蜜里调油"的融合感完全消失。她觉得男朋友不够上进，穿着邋遢，说话做事也不够成熟，发生争执的时候也不再能容忍她撒娇任性，毫无风度可言。B同学想到恋爱时"一生只爱一个人，毕业就结婚"的宣言，陷入了犹豫，她反反复复问自己：也许这个男人不值得我托付终身？也许我值得更好的？也许是我要求太高？他并没有做错什么，我如果因为对方没有达到我的预期就跟他分手，这样会不会显得我很自私？如果没有了爱，再持续下去也只是延长伤害，不如早早提出分手？选择让她痛苦。

C同学正在积极准备出国，他已经考过两次雅思，但是成绩都达不到理想院校，英语口语一直是他的弱项。从边远山区来的他在刚入学时连普通话都说不好，做英语课小组读书汇报时，他的"土味"英语一开口就遭到大家的哄笑。自那之后，他一开口说英文，就会产生一种陌生感，仿佛那个说着生僻语言的声音不是他发出来的，以至于他很难完整地用英文表达一句话，最后，开口说英文成了一种障碍。自卑让他痛苦。

D同学一直深受抑郁症的困扰,在她眼中,生活没有任何乐趣可言。幼年时父母离异,飘零在两个家庭的她没有体会过被爱的滋味,感觉心中总是有一个巨大的洞。高中时靠着"讨好型人格"的状态还能交几个朋友,现在,只觉得自己是活在另一个面具下的她,越发不愿意表达自我。她每做完一件事都习惯性地评价"没有意义",巨大的虚无感侵蚀着她的意志。同龄人都在忙着学业、恋爱、出国、兼职,好像都跟她没有关系,她发现自己很难对任何一件事情形成确定的解读,由于害怕犯错和受到伤害,她长期拒绝社交,并且从不主动做出积极选择。逃避让她痛苦。

二、何者是苦

托尔斯泰在《安娜·卡列尼娜》的开篇说:幸福的家庭往往都一样,不幸的家庭各有各的不幸。初读这句话,好似"不幸"只是少数,如果将这句话套用在个人身上,估计要反过来说:"痛苦的时刻大抵都一样,不痛苦的时候各有各的方法。"我们几乎没有办法说自己是不痛苦的人,除了那些证悟真理的贤圣,我们普通人再怎么幸运,终归还是避免不了生老病死之苦。引发上面四位同学产生"苦"的感受的事件各有不同,但是"苦"的感受都可以描述为逼迫感、冲突感。对于我们常人来说,身心平衡会产生喜乐、安宁的感觉,比起激情、兴奋、大喜大悲等这些让人失去自我察觉的情绪来说,喜乐平和更符合我们日常对

"乐"①的定义。因此,我们也可以说,"痛苦"即"平衡"不在场时身心所感受到的压迫、动荡和冲突。

A同学身体上的疼痛看似比情绪上的"苦"要真实,本质上我们只是习惯性地将"没有不舒服的感受"的身体当成常态,所有不符合这个常态的身体症状就被我们定义为疼痛。疼痛作为客观的"身体感受"(简称"身受")会带来异于健康状态时的感觉,伴随着对身体功能丧失的本能焦虑,我们将其命名为不愉悦感受,生病就是不愉悦"身受"的典型代表。这种身体的不愉悦感受会引发更多的"心的感受"(简称"心受"),愤怒、迷茫、自卑、嫉妒、担忧、焦虑、失去感、脆弱感、绝望感、弱小感,这些"心受"有时由于疾病产生,特别是对于患有重疾或慢性疾病的人而言,不愉悦的"身受"会持续引发不愉悦的"心受"。

对于身体相对健康的人来说,生活中的不如意事件也会引发这些

---

①在中国传统哲学中,"中道"思想贯穿儒释道三家。在儒家,"中庸"是圣人修行的境界,"乐而不淫,哀而不伤"是君子"统理心性"的知"道"原则;道家以清净、无为之"道"为世界本原,要求人们体察事物自然本性,归宗于道,无为并非彻底的"无",而是不妄动,以"无为而无所不为"的中道安身立命,正是道家圣者的修行原则;佛教的根本教义为"缘起性空",缘起是诸法之有,性空则是诸法自性之无,因万法因缘和合故其自性本空,故指导行者不应执着于幻有,亦不应执着于无(无也没有恒常不变之自性),圣者应当修"世间与出世间不二"的中道法门。

"心受"。例如 B 同学的痛苦来自选择，选择本身意味着"冲突"及"得到与失去"的权衡，"冲突"就是身心平衡状态的"不在场"，这本来就是痛苦。B 同学选择的标准是"哪种方案能够让乐的感觉更加永久"，是否分手这个选择之所以会出现，是因为热恋期的快乐消失了，而不能分手的担忧有两个：第一，自己背叛了爱情，"背叛"是个贬义词，如果这个词贴在"我"身上，这不是一件快乐的事情；第二，激情如果注定要丧失，换了别人，也一样不能长长久久地甜蜜，到时候"偷鸡不成蚀把米"，那"我"不应该冒此风险。理性与道德的教育会增加我们选择的维度与难度，理性告诉我们当下的激情（纯粹的感官欲乐）不应该作为人生选择的唯一目标，合乎道德要求与伦理规范的选择让我们保有内心的清白，保证我们能够"细水长流"地走完人生长河。选择造成冲突，冲突让人痛苦。这种冲突通常发生在选择的两难之间：是成为一个道德意义上"内心清白"的人，抑或是搁置道德与伦理的要求，转而成为一个"背叛爱情"去追寻短暂激情的人。

若 C 同学在每次开口说英语之前都能放弃被认可的期许，坚持说完完整的句子，他才能真正地克服自卑。让我们一起回忆一下，小学领奖状时、被父母表扬时、辛苦很久的实验得到老师赞赏时，我们往往表现出对未来充满信心，能体验到轻松、愉悦、自信、努力、开阔、安定等正面情绪，统称起来就是"乐"。为什么我们会寻求被认可？为什么被认可对我们的情绪有如此大的作用？"价值"本来是外在于我们身心的一套理念和体系，为什么它能那么切实地决定我们的意义感和存在感？根据个体价值观的不同，引发每个人产生"乐"的事件亦有所不同，当自

第四章 被理解的痛苦

我所思所行符合我们认可的意义时,我们就会感到"乐"。

如果类似于B、C同学身上所产生的不愉悦的"心受"持续时间过长,就有可能导致出现类似D同学的状况,即负面的"心受"常态化。D同学运气不是很好,从小到大总遇到糟心的事情,不如意事件的频发是导致其多次产生痛苦"心受"的直接原因,当她的大脑神经传感路径习惯了绝望式思考之后,生活中的所有事情都将变成不愉悦事件。D同学那么"苦",丝毫没有追求"乐"的迹象,难道她的"苦"也能被定义为是因"求乐而不得"而产生的吗?我恐怕要回答"是的"。

D同学的痛苦大多来自日常自我感的丢失,现实生活中频繁的挫折剥夺了她以自己实际的身心体验完整的机会,完美只能变成无止境的幻象或推理,停留在思维层面的对"完整、完美、纯净、整合"状态的推理变成一种偏执。她希望很多事情都有其道理,而道理都应围绕"合乎我的想象"展开,很不幸,这种"想象"要么极度自卑,要么极度自大。主宰或控制对象的目的,从本质上说也是要创造"乐"或者延长"乐"。B同学做出"背叛"爱情的"自私"选择时,她的身心是整合的,整合在"为了享受爱情,我决定做那个自私的人";当C同学继续自卑的时候,他的身心也是整合的,整合在"我只要不开口说,别人就不知道我是边远山区来的,这样我就不会被拆穿"。B、C两位同学对当下的事件做出了选择,认可不完美的自己,B同学需要承担自身道德感的压力,C同学还需要另辟蹊径克服口语障碍,他们跳出了"既要……又要……"的选择困境,在享受选择带来的益处的时候也接受失去。但是D同学无法做出选择,或者无法面对选择,她基于选择的身心平台总是陷入冲突，因为害怕承担选择的后果，她避免对任何一件事情形成自己的解读，从而失去了对外在世界的话语描述，她也就失去了对自己的描述，"既要……又要……"的选择困难最终使 D 同学"既不是……也不是……"，她所谓的谨言慎行大概是对失去的恐惧，毕竟 D 同学一路走来已经失去太多了。

由于担忧围绕"我"的要求得不到满足，或是此满足不能长久，不能最大化，"苦"应运而生。既然如此，那按照推理，如果我们不想要"苦"，那是否不追求"乐"就行了？其实，追求"不苦不乐"本身也是希求"乐"的一种表现，只是这种"乐"贴上了一个"不苦不乐"的标签。什么是真正的"乐"？什么"乐"能永久？什么"乐"能"纯乐无苦"？我们每个人都有自己的答案。正是对"乐"的定义与达成途径决定了我们的价值观，左右着我们的选择。

我们安身立"乐"的地方是否经得住考验，可以反观一下自己当下的身心状态，看我们是不是发自内心地感受到平静、稳定、幸福。真正的"乐"在哲学家那里有很多名字——真理、真善美、绝对自由、幸福，需要通过反思、探索、寻求知识而获得。在不同的哲学传统中，如何定义"真实之乐"，各家都有自己的学说体系及达成途径。

至善状态（或称"永恒之乐"）通常被描述为物我两忘、合一、能所

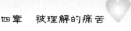

双亡①、无自无他、全然、完整、无为、寂静、止。全然的合一可以从四个层次来说：自己与他人平等，自己与社会融合，自己与自然合一，自己与自己整合②。

禅宗称这种完整、圆满的状态为"大彻大悟"，只有开悟，才能视一切平等，而不会有执取的烦恼。但是，各家也都指出，这种看似"寂灭"与"无为"的"乐"并非虚无与空无所有，相反，正因为心与他者

---

①"能所双亡"即无能观、能思之"我"，无所观、所思之"对象"，达到一种"圆融"的心理状态。在这种状态下，人通常不会产生语言。这里可参考陶渊明《饮酒（其五）》"结庐在人境，而无车马喧。问君何能尔？心远地自偏。采菊东篱下，悠然见南山。此中有真意，欲辨已忘言"中"忘言"的当下所感受到的"真意"的那一刻。

②古今中外，关于个体与他者（他人、社会、自然）的融合关系有很多学说，不论中西，都认为自我最高层次的实现必须完成多个层次的整合，理想生命状态的获得、自我价值感、意义感、幸福感、满足感等身心完整的条件都必须达到平衡与调和的状态。其中，马斯洛的"五种层次需求"理论最具代表性，他从人的基本需求出发，将人的需求从低到高划分为五种：生理需求、安全需求、社交需求、尊重需求、自我实现需求。弗洛伊德提出"本我、自我与超我"的心理动力学说，认为自我只有在本我（生理欲乐属性）与超我（道德属性）之中获得平衡，才能实现人生的幸福。儒家"修身、齐家、治国、平天下"的人生指导是深埋于华夏民族血液中的人生纲领和信念。冯友兰先生将人生境界划分为四种：自然境界、功利境界、道德境界、天地境界。"天地境界"是东方哲学特别是中国哲学中儒、道两家注重的境界。

完全平等，不受个人偏见与环境因素的影响，处于这种平衡状态下的心才能对当下事件做出恰如其分的应对，即道家所说"无为而无不为"，禅宗讲的"随缘任运"。

我们在日常生活中或多或少都能经验到身心平衡时产生的"乐"，如被大自然的美景震慑的那一刻、在阅读或者鉴赏文学艺术作品时"身临其境"的体验、专注实验或论文创作时"忘我"的感觉、长期坚持长跑的人每次跑步时身体能享受到的跑步带来的轻快与愉悦、当我们沉浸在爱与被爱的情景中感受到温暖与幸福的时候。

三、趋乐之道

欲乐是人的天性，上面所列举的种种世间"乐"中，追逐审美、创作、专注、运动、爱带来的"乐"往往比饮酒、追剧、游戏带来的"乐"要付出更多的艰辛。在西方文化传统中，追求感官之乐导致人类失去伊甸园，只有通过信仰上帝才能重新回到"合一"的解脱状态。在我们的传统文化中，老子认为，"五色令人目盲，五音令人耳聋，五味令人口爽，驰骋畋猎令人心发狂，所以要"塞兑闭门"，抱朴守一才能"与道冥合。宋明理学主张 "存天理，灭人欲"，更是将感官之欲看成洪水猛兽。佛教以"诸行无常""诸法无我""涅槃寂静"为三法印，认为所有的法都是因缘和合而成，随因缘聚合离散而有"生住异灭"之变化，某种"乐"即便当下有，随着因缘条件的变化也会消失，只有非因缘和合的"无为法"即"涅槃"才是永恒清净之乐，并且鼓励大家通过戒、定、慧①三学的修行获得真正的恒常之乐。

哪种"乐"更值得我们追求？是需要付出一些劳动和努力才能获得的"乐"，还是唾手可得的"乐"？

事物是变化无常的。孔子说："逝者如斯夫，不舍昼夜。"老子说："飘风不终朝，骤雨不终日。"在变化的事物中追求一个不变的东西，就像手截住水流必然会承担压力一样，于"性空"之强执某物、于迁流变化之势上滞于某境，必然会感受到冲突与失衡。若是我们想要某种理想的状态延续，就意味着我们要让本来变动不居的因缘不要迁流，保持在我们想要的状态；或者是改变因缘，让其不要呈现出我们不想要的状态。如果需要依赖外在条件才能产生某种我们希望得到的感受，则需要组合及费力去保持的条件就会越多，不确定性也就越高。也就是说，越是依赖外部条件，"乐"的获得的可能性就越不确定，"乐"持续的时间就越短暂，想要保持这组因缘，不可避免地就会卷进更多的资源、对象和他人，或者是破坏事物原有的秩序，比如说因打游戏而熬夜、因醉酒而缺课。过于依赖外在条件又不需要付出什么努力而得到的"乐"，一旦"乐"失去了自然属性，便容易打破身心的平衡状态。一方面，外界条件不总是以个人的意志为转移，人为地保存某一组因缘必然要遭受

---

①戒，即持戒，即符合伦理、道德规范。定，即禅定（三摩地），本意为安静、寂灭，即我们日常能够体验到的安宁、舒适、身心平静的感觉，通过将心安住在呼吸、身体的行动与感受上，无分别地接纳当下发生的一切。慧，即能够体证诸法缘起性空的般若智慧。

打破规律带来的后果，比如沉迷于网络游戏，经常熬夜、缺课，就要承担身体健康状况下降、学习成绩滑坡的后果。如果快乐总是从网络游戏中来，在没有网络游戏这个条件之下，其意志或者思绪就会受到影响，要么不能专心当下的事情，要么对现实生活失去兴趣。另一方面，出于人"趋乐避苦"的天性，不需要付出劳动（身心劳动）而获得的"乐"容易让人沉溺，缺乏对自身与社会的观照，以致虚度光阴。

欲求就像一粒石子，一旦将其投向心湖，心当下便失去平等状态，水波荡漾，各种冲突、选择、焦虑随之而生，心因此而感到痛苦（一重痛苦）。如果选择以聚合外部条件的刺激之乐冲散当下的痛苦，表面上看好像是缓解的痛苦，但是因为这种"乐"的因缘聚合性，因缘的生灭必然带来"乐"的失去（二重痛苦），身心再次经历"苦—乐—苦"循环。

依笔者之见，依赖于自我审美体验与自律成就感获得的快乐更值得追求，"更值得追求"的意思是，这种"乐"更加纯粹、长久，变数更小。一方面，它较少地受到外界环境的变化与影响；另一方面，这种需要付出劳动与节制（唾手可得的"乐"再遇上人类"趋乐避苦"的天性很容易使人沉溺其中）才能获得的"乐"，可以磨炼意志。在追逐只能通过身体的实践与精神的思索才能获得的"乐"的过程中，不可避免地引发我们对自我与社会的反思。而唯有反思，才能真正地理解世界、他者与自我，完整自我人格；此外，劳动与节制之乐就像能把快乐之根深深扎入泥土的大树，虽增长缓慢，但稳固坚实。相反，由易得的外部条件刺激所产生的欲乐就与之不同，赌博、无节制地游戏、刷剧、购物、追星及性爱,如果这些"乐"要不断地重复,必然会伤害到别人或自己。这些刺激强度很大、骤来骤去的无根之乐像一阵旋风,刮过之后只剩下内心的荒芜与更强烈的渴望。

欣赏自然或者进行创作时获得的智性之乐,显然比起沉迷网络游戏获得的刺激之乐更值得提倡。这种"乐"成长缓慢、不假外物,植根于自我精神之上,起心动念都与反思自我息息相关。世界在"我"的见闻觉知之下呈现,若是我们的心柔软、开阔、纯净,那么人与自身、人与社会、人与自然、人与他者就总能呈现出整合的状态,"我"自然再不会因为追求个人的欲望而做出伤害他者、社会与自然之事。因为他者的福祉与"我"的福祉息息相关,保全他者,"我"才能享有真正的"乐"。

我们学习知识,接受道德教育与伦理教化,学会控制自己的欲望,培养更高的精神追求,本质上都是向真正的"永恒之乐"无限趋近,避免沉溺于感官刺激之乐。痛苦是欲乐之心的奔流,根据上述分析,我们梳理出以下几种缓解痛苦的方案:

第一种方案:彻底放弃对"乐"的追求,不管是感官之乐,还是精神之乐,甚至是宗教家的"极乐",全然接受所有的痛苦,平等地接受当下发生的一切。

第二种方案:按照宗教家的指引追求"永恒之乐",学习关于世界与自身的知识,培养专注、合一的定力,用超越的视觉反观现实生活。

第三种方案：追求智性之乐，即以劳动的、节制的、审美的原则指导自己的选择，虽然当下没有获得感官欲乐，但是深知自己内心清白，拥有获得一切真、善、美的能力和资粮，并且为之付出漫长而艰苦的奋斗。

第四种方案：想尽一切办法让自己当下就能感受到快乐，逃避挫折。确实，因为快乐一出现，痛苦就会消失。但是，这种不是通过劳动和节制产生的"乐"注定不会长久。由于不能滋养心灵，露水般的"乐"消失后，棘手的困境还在；即使时间流逝，心结还在，很有可能我们还会面临更大的虚无感。生活在相似的文化背景之下，我们的基本理性知道如何判别是非善恶及何为好的生活，沉溺于刺激之乐总是让我们背负着一定的心理压力，其带来的身心伤害也远远大于它带来的快乐。

还记得开篇"你有没有认认真真地吃过一餐饭，什么也不想，只是关注食物以及自己的咀嚼"那个问题吗？如果你曾经做过，那么你可以选择第一种缓解痛苦的办法，你具有"平等地接受当下发生的一切"的潜质，稍加训练，也许你能在每个日常中感受到宗教家们所体验到的合一感。如果你有自己坚持了很多年的兴趣爱好，如篮球、舞蹈、长跑、瑜伽、写作，当你痛苦的时候，你可以选择第三种方案"追求智性之乐"，这些协调身心的活动里自有专注和力量，能够有效地帮助你缓解痛苦，脱离在情绪压力下身体对非正常的饮食欲、睡眠欲、游戏欲、埋怨欲的追逐。这样做，一方面，会使你体验到专注与合一感；另一方面，"拥有一个好的身体"与"稳定的身心状态"也满足了我们潜意识

第四章 被理解的痛苦

里面"延续永恒之乐"的根本需求,这两种感觉会带来一种"主宰自我与身体"的成就感。

我们中的大多数人既没有"与痛苦共舞"的心性与勇气,也不一定有从小培养起来的某种能够协调身心、训练专注力的特长爱好,也没有审美、创作、写作的天赋和敏锐,那么,你可以选择亲近大自然;或者选择社交,与朋友通通电话,跟父母、老师交谈;或者看一部情感电影大哭一场,别忘了爱与被爱也是体验"合一"与"平静"的重要途径;或者在情绪平复之后做一个长远的打算,开始培养自己积极的生活学习方式,以及正面的兴趣爱好;也可以打场游戏、看看剧,缓解当下的情绪,让脑子放空一下,但是,你的心需要知道,这终究只是缓兵之计。

上面是从以"乐"解"苦"的角度进入,但是,如果你的生活真的很苦,不如意的事件天天上演,就像不幸的 D 同学,或者是长期经受身体疾病的同学,那我们只能学会与痛苦为伴或与痛苦和解。若是从生命的长河反观自己的人生,不难发现,痛苦并非生活的调剂品,而是人生的底色。我们不知道自己从哪里来,不知道人生遭遇都被什么决定,也不知道未来会发生什么。衰老、生病与死亡三座必然会逼近的大山时时唤起我们对未知的恐惧,"怨憎会""爱别离""求不得"之苦每天变着花样地在我们的生活舞台上演,似乎只有直面痛苦,练习接纳生命本来的面貌,幸福之光才能照亮所有死角。

一旦有了直面痛苦的心量与志向,在挫折处便能迎面直上,更不用说积极面对不苦不乐的日常与尽情享受快乐的瞬间。接纳痛苦与挫折的能力是决定人生幸福度的"短板",若我们的"短板"都高出正常段位,那我们幸福水桶里的水注定要比别人多。

放弃沉溺在那些短暂的、假借外缘、不需要付出劳动与节制的"乐",它们有可能会威胁和伤害到自己或者是他人生命、财产、心理安全,心存更加高远的志向去追求不会带来歉疚与自责的生活。这种生活需要认识自己与世界,探寻事物"是此而非彼"的逻辑与因果,从而发现什么是真正的"善"。这一束对美好生活的希求之光生长于我们的心田,需要费时地对它进行灌溉,供给阳光与土壤,比起依托于外界的刺激之乐,通过劳动和节制获得的"乐"来得淡,来得慢,来得轻,来得静;但是,它比感官欲乐要深,要久,要滋润;一旦它长成参天大树,日月星辰处、市井喧嚣处都将散发着美与善,在此"乐"中,自有清白的良心、坚定的信念,以及恰如其分的行动。

为了享受到那份更值得期待的喜乐,我们需要有耐性,让痛苦流过我们,而不是忙着找借口逃避痛苦,或胡思乱想地给自己画一个"乐"的大饼,或索性以追求短暂之乐为人生目标。因为只要"造乐活动"停下来,人就会觉得百无聊赖,觉得痛苦得不得了。当无意义感、绝望感、虚无感涌上心头,人便又开始下一次的寻乐意图。①

---

① 如果刺激之乐是乐的唯一来源,最极端的情况就是"成瘾"。嗑药、酗酒、滥交等生活方式也许就是这种人生观下极端堕落的生活写照。

四、拥抱痛苦是离苦之道

拥抱痛苦就一定痛苦吗？显然不是。平衡的身心状态从未离开过当下任何一秒，否则我们为什么能在与恋人拥抱时感受到它，能在专注创作中体验到它，能在一次好天气的散步中与它共舞。不是要去做什么才能得到清净之乐，而是它一直在那里。但是，由于我们不知道自己本来具足这种"乐"的能力，心老是向外跑，找了很多替代品，最终还是失落而归。

假如你是女生，心里却渴慕另一位美男子，你能在与男友拥抱的时候感受到爱与喜悦吗？显然不能，只有你专注当下拥抱的刹那，脑子"空空如也"，才能体会到喜悦。如果心事重重，再怎么风和日丽，你都感受不到好心情。清净之乐，它不是要我们去做什么，而是"什么都不做"，要让心平静得像湖面一样，红花、绿树、飞鸟与云朵就能一一映照在水中。正因为这个"乐"不是因缘和合而成的，所以它不会消失，而是遍布在每一个当下。尝试着安住在每一个当下，放弃为了获得什么而开始的"周遍计度"，甚至放弃对"放弃"本身的执着，让心完全安住在身体的感受上，不需要借助语言去分析和计划。即使在痛苦的当下，清净之乐从未离开。因此，当我们放弃对痛苦状态的执取，不再追求让当下"转苦为乐"，痛苦自然也就消失了。

说来很荒谬，远离痛苦的唯一办法是真正地"活在痛苦中"，而止息痛苦的途径，居然是不再有"止息痛苦"的愿望。

读到这里，你可能一头雾水，让 A 同学痛苦的是他身体的病痛与课程报告的压力，只有身体的病好了，或者课程报告做完了，这些痛苦才能缓解。我们不顾现实，只在心灵上下功夫，实际上对缓解这两个实际问题没有任何意义，最后岂不是变成了使用精神胜利法的"阿Q"了吗？

身体生病与报告压力是客观事件，客观事件是事实，事实总要通过我们的心才能引发痛苦与快乐，所以，痛苦始终只与我们的心有关。一颗被挫折和恐惧压垮的心，既不能积极乐观地面对病痛，也无益于完成手头的任务，甚至可能为了逃避挫折感和恐惧感马上投入感官刺激的欲乐中。而在"及时行乐"之后，心灵却无限空虚，一片狼藉。

现在，我们邀请你一起来处理事件发生之后，在你身上产生的痛苦情绪与感受，即内心真切的冲突、不安宁，也就是日常平静感、整合感消失。当我们更多地了解引发痛苦的心理活动，就有了面对痛苦的勇气，当心不再奔跑、逃离的时候，那个一直都没有消失过的理想的身心状态可能就能显现。

烦恼的时候，我们通常会有心如火烧、欲求不满、被外面的事物束缚与纠缠、匮乏、封滞拘碍的感受，含混的逼迫感即我们所说的痛苦，这往往由我们对外部事件的解读引起。同样是遇到挫折，若是能将挫折看成生活必经之苦，并且坚信自己有能力面对，同时又能抱持积极有为的态度努力付诸实践，至于结果，无论好坏都能以无我心态去面对，整个事件就发生了转化。如果挫折来了之后，就陷入嫉妒、傲慢、嗔恨等烦恼心所中，则对面对当下的困局没有任何实际的作用。

第四章 被理解的痛苦

如果我们经常锻炼自己的心理，常常采取善心所的处理方式，自然痛苦就少一些。换句话说，当我们处于痛苦或者烦恼时，说明"善心所"解读方式已经失败，我们需要让"痛苦"流过身体。前面已经介绍26种痛苦的类型，下面让我们学习如何让它们从我们身上流走，让痛苦身后恒常的"乐"示现。

五、正念：觉知当下，圆满自在其中

我们要推荐的方法叫作"正念"（mindfulness）①，即当情绪、念头、感受产生时，我们能够清楚地觉察自己产生了如是念头、如是情绪、如是感受。以正在经受感冒并被繁重的课业压力压垮的A同学为例，我们将截取他在5分钟以内的身心活动：

（1）我应该坚持把报告写好了，开个头也好，最起码可以缓解

---

① "正念"本为佛陀亲证的"知苦、断集、证灭、修道"中最后一谛"道谛"中的一种修行法门，是心安住在当下的状态，在这种状态下个体时时刻刻保持对当下的觉察，清楚知道自己的身体、心灵的活动与知觉。20世纪80年代，美国麻省理工大学生物分子学博士卡巴金将"正念"作为辅助练习，用于帮助长期经受慢性疼痛折磨的病人，后因治疗效果显著，他将"正念"去宗教化，并与现代心理学结合，开发出一套"正念减压疗法"（mindfulness based stress reduction，MBSR），后由牛津大学马克·威廉姆斯（Mark Williams）将正念与认知行为疗法结合，开发出一套帮助抑郁症患者的"正念认知疗法"（mindfulness based cognitive therapy，MBCT）。

压力。

(2) 但是，我的头嗡嗡作响。这种感觉太糟糕了！我什么时候才能痊愈。我现在更需要休息，如果我强撑着看书学习，我的感冒会不会越来越重？到时候发展成肺炎怎么办？

(3) 起身，去倒杯水，喝水的时候觉察了一下自己的头和嗓子，好像已经没有昨天那么严重了。我现在的身体条件其实可以学习，我明明就是以身体的问题在逃避写报告的压力。

(4) 回到床上，想起这学期马上就要结束了，如果能拿到好的成绩，就可以开开心心回家过年，顿时又觉得有了信心。回忆起前几天高中时候的好朋友还在班级群里约同学聚会，听说大家都已经谈恋爱了，我还是单身狗，我到时候就跟他们说我有女朋友了，反正大家又不在一块。

(5) 我这不是浪费时间吗？光顾瞎想，又没有好好休息养病，也没有花时间去学习、写报告，到时候站在台上做报告时错漏百出，那得多丢人。想到这里，心理压力更大了，觉得有一团黏黏的东西糊在胸腔上，于是从床上坐起，拿起文献准备阅读。

(6) 读过一段之后，发现读不懂，并且开始跑神。继续回到同学聚会的问题：要不要欺骗大家，说自己也谈恋爱了？但心里觉得骗人是一种不道德的行为，还是如实说吧，被嘲笑就被嘲笑喽！忽然想起自己在

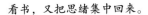

看书,又把思绪集中回来。

在这 5 分钟的身心活动中,我们区分出念头、情绪和感受。

念头:

(1) 先写报告,以缓解压力。

(2) 病情加重,向肺炎发展。

(3) 以病为由,逃避报告压力。

(4) 假期来临,有所计划。

(5) 同学聚会,我是"单身狗"。

(6) 准备不充分,错漏百出。

(7) 卧床不休养,思绪飘飞,浪费时间。

(8) 不该撒谎,顺其自然。

以上是 A 同学比较粗显的念头,每一个念头都由心所组合而成,心所有引发情绪的功能,该如何觉察呢?请看表 4-1。

表 4-1　念头、心所与情绪的觉察

念头	心所与情绪	觉察[①]
先写报告，以缓解压力	希望自己精进，因为精进有促进所办事业圆满的功能，能够对治懈怠、散乱带来的混乱和无意义感	1.知道自己产生了这个念头； 2.要求自己精进，确实能缓解当下压力，因为精进属于善心所，具有积极的情绪功能； 3.当下懈怠、散乱心主导
病情加重，向肺炎发展	担心身体病情加重，引发疑虑、焦愁、紧张、慌乱	1.知道自己产生了对自己身体状况的担忧，明白这只是一个念头； 2.觉知当此念头产生时身体的感受，比如胸腔是否紧张、呼吸有无急促
以病为由，逃避报告压力	惭愧心所，该心所发起时，A同学产生内疚与自责，否定自己的懈怠固然让A同学产生痛苦，但惭愧心所其实在以这种方式保护A同学深陷昏沉、掉举等烦恼中	1.知道自己产生了惭愧心理； 2.知道自己当下处在自责的痛苦中，体会身心在自责情景下的感受，并尝试描述，是否感觉心脏周边紧张，呼吸急促，心中空空的，如黑色或者灰色

[①] 觉察的目的在于认识当下发生在自己身心上的所有活动，能够帮助我们跳出惯性的思维方式。认出心理活动的当下，奔流的思维习惯便能够停止。觉察是不带评价地观察自己，让缘起的情绪与感受自然地熄灭，当心知道自己陷入"习惯性思维陷阱"的时候，这种无意识的妄想就会自然停止。觉察不是自我批评与否认，而是不再制造新的"让自己更好"的念头，再次把心裹挟进去。日常可以通过关注自己的呼吸来练习觉察能力。

(续表 4-1)

念头	心所与情绪	觉察
假期来临，有所计划	因为惭愧心所否定了自己之前所行，给心带来痛苦，心按照"趋乐避苦"的活动习惯，马上攀援能够带来快乐的事情，即"过年回家"。此念头唤起了欢喜、愉乐等善心所	1.知道自己在脑海中计划了假期，计划中包括勉励自己积极学习，获得好的成绩； 2.觉知"回家过年"这个念头带来的身心喜悦感，看看这种喜悦感发生在身心的哪些部位，看看胸腔是否有放松、舒适的感觉
同学聚会，我是"单身狗"	因为担心自己是"单身狗"而被嘲笑，计划在将来的同学集会上欺骗大家自己已经在谈恋爱，属于诳心所	1.知道自己顺着假期，想到聚会，顺着聚会想到单身的事实； 2.觉察自己产生诳、忧虑、掉举等心所
准备不充分，错漏百出	意识到自己心念乱跑，惭愧心所生起	1.知道自己产生了这样的念头； 2.体会惭愧心所升起时，身体是否有任何感受，如呼吸是否变急促、脸颊耳根有无升温、肩部有无紧张等
卧床不休养，思绪飘飞，浪费时间	本以为思考清楚之后，自己能够下定决心，要么卧床休养，要么果断起来写作，但脑子想来想去，时间在流逝，焦虑没有缓解，于是陷入惭愧与自责之中	1.知道自己产生了惭愧与自责的心理活动，将心停留在这两种情绪里，感受此刻的身心感受，关注自己的呼吸，看是否产生了害羞的念头； 2.如果有新的念头产生，知道自己有新的念头产生，并知道自己此刻思绪继续飘飞

(续表 4-1)

念头	心所与情绪	觉察
不该撒谎，顺其自然	惭愧心所现起，正知现起，三个善心所与积极的身心力量相应，也许是要借助此积极力量缓解上一个念头自责与惭愧带来的痛苦	1.知道自己生起"不谄不诳"的正知正见； 2.感受这个念头带给我们的身心体验，是紧张还是放松； 3.如果觉察到自己因为说了真话而遭受到讥笑的担忧，就将注意力放在这种担忧之上，真真切切地感受担忧

在这 5 分钟里，A 同学有 3 次明显的身体觉察与活动，例如，感受到自己的头嗡嗡作响，嗓子痛与头痛的病症得到缓解，起身去喝水。身体的觉察比内心的活动要直观。具体觉察的方式如下。

当头嗡嗡作响的时候，就将注意力完全放在头的感受上。依疼痛程度深浅，评估是否应该去看医生，既不能忽略疼痛假装没事，也不宜过分陷在担忧中。而当他起身喝水的时候，可以将注意力完全放在身体的活动上，或者观察整个过程中自己的呼吸状况，手是如何移动的，脚是如何移动的，心里是否产生了什么念头。如果产生了什么念头，就要知道自己正在想什么。

还记得开篇那个手里拿着金子、玫瑰、沙和什么也不拿的选择吗？A 同学在心猿意马的 5 分钟里感受过拿起金子的愉悦，也感受到美艳但扎人的玫瑰，也曾抓起过沉重的沙子。金子、玫瑰、沙子都有使人眼花缭乱的功能，但是都无益于 A 同学当下的身心状况，他既不能安心休息调养身体，也不能果断坐起精进学业。在起身喝水的小小动作中，金子、沙子、玫瑰已经迅速地在他手中划过一次，除了念头的流动，什么都没有留下。若是能将心安住于当下的每一个念头，保持警觉，回归到最真实的身心感受上，心的专注力才会变强，才能踏踏实实地践行善心所。

如果你有偶像，问问自己为什么会选择这个人作为你的偶像，他身上的闪光点是你理想人格的投射，你往往知道应该做什么，但是，未经训练的心总是沉浸在对过去的追悔与对未来的担忧中，而当我们的心失去自我觉知，陷入各种奔流的念头所构想的虚假意义中时，痛苦就不可避免地产生了。直面任何一种情绪体验，我们会发现，不管忧喜，它们总是会谢灭。万事万物不来不去地停伫在那里，是我们不安的心扰动了它们。

痛苦发生，说明我们在欲求圆满，然而圆满从未离开过当下。因此，觉知当下，我们便获得主宰心念的力量。

第五章　社会化的历程

尽管并未刻意戴上任何面具，我们却对每位朋友都有一张特别的面孔。

——奥利弗·温德尔·霍姆斯

"没有人生活在孤岛之中"，"人是社会化的动物"，这两句话我们可能从高中写作文开始就常常看到，也总在人文社科类相关的课堂中听到。它们似乎渐渐沦为千篇一律的套话，而没有任何新的、值得思考的内容。

我们生活在由人组成的社会中，而无论愿意与否，我们总在和他人打交道。和他人交往，心意相通时会很快乐，误会发生时会很委屈，有时也会发现有些人似乎讲不通道理。然后，我们渐渐认识到能够直接避开自己讨厌的人的时候非常少，有些讨厌的人不能像按了"删除好友"键那样一了百了。有时候我们像《挪威的森林》里的主人公一样避免交朋友，最后就会被戳穿——"哪里会有人喜欢孤独，不过是不喜欢失望罢了"。

"社交"的地位变得很尴尬。一方面，和陌生人一开始的交往难免有尴尬、误会，需要投入一定的精力了解彼此之后，一段关系才能建立起来；或许也会发现前面投入的时间、精力和情感都是白费，社交要求百分百地投入，却不能予以相当的回报。另一方面，我们拥有似乎能满

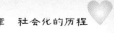

足我们一切需要的智能设备,在按照自己意愿充分选择"菜谱"的网络世界中,甚至连广告都是个性推荐的。因此,相形之下,我们和他人的联结似乎没那么必要了。但是,悖谬之处也在于此:网络与智能设备的结合能填补平常生活的一切空白,而一旦我们的情绪脱离平常状态,它们也就随之失去大部分的效力。当我们真的心情低落、想要寻求支持的时候,能给出这份支持的只能是活生生的人;当我们为生活中大大小小的事情而惊喜的时候,能分享快乐的也只有人。可现实中我们常常可能面临的窘境是,当我们将目光从智能设备移回到周遭的生命世界,以期寻求支持时,环顾四周却发现,"社交"的丧失已经让我们身边四下已无可言说的对象。

卢梭如此阐述我们为什么需要他人,以及需要他人的社会是怎么联结起来的——因为自然状态下的生存障碍超出个人的承受限度,人类被迫改变生活方式,通过集合形成力量的总和来克服这些阻力。"创建一种能以全部共同的力量来维护和保障每个结合者的人身和财产的结合形式,使每一个在这种结合形式下与全体相联合的人所服从的只不过是他本人,而且同以往一样的自由。"[①]其解决办法就是形成一个契约,从而每个人都把自身的能力置于"主权者"的指导下。"主权者"就是尽可能包括最多社会成员的、道德的与集体的共同体。这个契约对于每一个成员而言都是平等的。有了契约,人类就从自然状态进入社会状态,并从而有了道德、法律和行为规范的约束。人类由于社会契约,丧失了

---

① [法] 卢梭:《社会契约论》,李平沤译,商务印书馆 2011 年版,第 18—19 页。

天然的自由及对他所企图得到的一切东西的无限权利，获得了社会的自由及对物的占有。

在这个效益主导下的体系运行之余，卢梭也提到对"公民宗教"的需要。卢梭在《社会契约论》中说："必须每个公民都信奉一种宗教，才能使他热爱他的天职。"①卢梭在这里提到"公民宗教"，是因为他意识到社会公约规定的公共利益，以及由此确定的关系是被动的，在这样的关系之外，还应该有公民可以发挥能动性的空间。这也意味着，人与人之间牢不可破的契约必须建立在相互信任与寄托的情感基础上，而这种情感则靠公民宗教得以在最大程度上得到有效维持。

如果以一种温情的口吻来叙述，人与人之间的关系，是完全不同于人与机器的关系的。即使人工智能机器人迎来全盛的时代，也会不同于机器人之间的关系。帕斯卡尔说："人是一根能思想的苇草。"人的思想性与脆弱性，在这一句中尽显无遗。而正是人的脆弱性使我们连成一个整体。"不管是谁遇到契机，就会有感伤的思绪。即使下着春雨，落叶飘落，受到脆弱伤害的，是人的感情。所以怎么会站在'海角'而没有任何感情呢？"②

---

① ［法］卢梭：《社会契约论》，李平沤译，商务印书馆2011年版，第155页。

② 俞弘浚：《我的文化遗产考察记》，有兴趣可以观看《懂也没用的神秘杂学词典》第二季第四集。

第五章　社会化的历程

一、共同体对个人的影响

社会生活对个人的影响远比我们想象的更为深远。生活的一个重要组成部分，就是我们在意他人如何评价自己。然而，尽管这是人类的一大特点，我们对自己从何时开始在意他人的看法以及如何开始在意他人的看法却知之甚少。TED 演讲①里讲过这样一个实验，探讨在逐渐成长的过程中调查我们从何时开始对他人的评价变得敏感。

两名心理学家设计了一个名叫"机器人任务"的游戏，用来发现什么时候孩子们会像成年人一样，在别人观看的时候策略性地改变他们的行为。为了做到这一点，工作人员向 14~24 个月大的婴儿演示如何激活一个玩具机器人，同时给出两种反馈：正反馈 "哇，真棒" 和负反馈 "哦，天哪，不"。在这个玩具演示之后，工作人员会邀请婴儿玩遥控器。这个实验的基础想法是，如果在 24 个月大的时候，孩子们确实对他人的评价敏感，那么他们按按钮的行为不仅会受到是否被观察的影响，还会受到实验者对按遥控器所表达的反馈的影响。

为了深入了解，心理学家设置了以下三种不同的条件。

（1）探讨如果没有反馈或指令，婴儿将如何尝试新玩具。工作人员只是简单地向婴儿展示如何激活玩具机器人，但没有给他们任何反馈，

---

① "When do Kids Start to Care About Other People's Opinion"，https：//dwz.cn/ucQOi8gk。

也没有告诉他们可以玩遥控器，这给他们提供了一个非常模糊的情况。

（2）将正反馈和负反馈放在一起测试。两种颜色的遥控器分别指向不同的反馈。在前两种条件下，工作人员可以选择观察孩子或不观察孩子，来确定孩子们的行为会不会受到被观察的影响。

（3）有两名工作人员和一个遥控器。一名工作人员对按遥控器的行为表现出消极，而另一名实验者则表现出积极的反馈。

孩子们在三种状况下有不同的反应。在第一、二种条件下，孩子们倾向于在工作人员没有关注的时候玩玩具；而在第三种条件下，孩子会在消极反馈者的观察下觉得尴尬，而更愿意在给出积极反馈的工作人员的观察下玩玩具。

在后续的一项对照研究中，孩子按遥控器后，工作人员简单地说："噢，哇。"这时，儿童按按钮行为不再在各种条件下发生变化。这就表明在之前的研究中，确实是给出的两个遥控器所设定的反馈值影响了儿童的行为。

这个实验在一定程度上说明：从很小的时候起，孩子就像成年人一样，对他人关于物体和行为的反馈很敏感，并用这些反馈来指导他们的行为。上面这种接受反馈的能力在我们成长的早期就形成了，早在我们还没能说出一个完整的句子之前，它就已经成为我们成长过程中不可或缺的一部分。

第五章　社会化的历程

无论我们意识到与否，我们一直都在不断地与周围的人交流观念。我们不断地向他人，尤其是孩子们，展示什么是可爱的、有价值的、值得称赞的，或者什么不是。我们的行为往往反映了我们的信念、价值观和我们的期望。所以，赞美女孩时，我们会赞美她们漂亮的发型或裙子；赞美男孩时，却会称赞他们的聪明才智；或者选择用糖果，而不是有营养的食物作为表现好的奖励时，这都在传递一种价值观。成年人和儿童都能非常有效地从这些细微的行为中获取其中的观念。反过来，这些观念又塑造了他们自己的行为。所以说，社会强有力地塑造个人。

除此之外，社会也必然对人有所约束，苏格拉底大概是其中最著名的案例。我们先将苏格拉底究竟有没有罪的问题放在一边，他最后选择留在城邦接受城邦法律的判决，其本质是遵守与城邦的约定，维护法律的尊严。如果共同体确立下来的规则不被遵守，也就失去效力，最终共同体会遭受更大的损害。《克力同》篇里苏格拉底将理由说明如下：

假定我们打算逃出这所监狱，或者以什么别的名义离去，这时法律和国家体制站出来问我们："苏格拉底呀！你说你在想干什么？通过你所从事的活动，不是千方百计，图谋推翻我们，推翻法律和整个国家吗？在判决没有力量，被个人弄成废纸一张，踩在脚下的时候，那国家还能继续存在，还能不垮吗？"[1]

---

[1] [希腊] 柏拉图：《柏拉图对话集》，王太庆译，商务印书馆2004年版，第66页。

人生九章

首先,不是我们使你出世的吗?不是通过我们,你父亲娶下你母亲把你生下的吗?你说说,你对于那些关于婚姻方面的法律感到什么委屈,有什么不好?……法律还规定生育之后必须抚养、教育儿童,你自己就身受其惠,对此感到什么委屈呢?这一方面的法律不是作出良好的指示,叫你父亲对你施行音乐和健身的教育吗?……你那么智慧,怎么不知道祖国要比你的父母祖先高贵得多,是神灵和一切有识之士认为非常可敬、非常神圣的?……无论在战场上,还是在法庭上,在任何地方,都必须执行城邦的命令、祖国的命令,或者提出忠告,指明什么是真正恰当的。[1]

也许法律会接着说:"苏格拉底呀,你想想,如果我这些话说得对,你现在要对我做的就不正当了。因为我让你出生为人,抚养你,教育你,给予你我能办到的一份好处,如同每一个公民一样。而且我还宣布,我向每一个雅典人提供自由,当他已经成为公民,熟悉城邦和法律的治理情况时,如果对我们不满意,可以携带自己的财物离开,到他所喜欢的任何地方去。没有一条法律从中作梗,不许你们中间任何一个对城邦不中意的人离开,迁往一个殖民地,或者到外邦去侨居,把全部财物都带走。可是,如果有人留在这里不走,看清了我们如何执行法律、管理城邦,仍然无意离开,那我就要说,事实上他已经跟我取得协议,我可以向他发号施令,他愿意执行。"……"苏格拉底呀,我有充分的根据证明,你是非常喜爱城邦和法律的。如果不是特别喜爱城邦,你决

---

[1] [希腊]柏拉图:《柏拉图对话集》,王太庆译,商务印书馆2004年版,第66—67页。

不会比所有的雅典人都甘愿留在雅典。因为你……满足于我们的城邦和法律。你热爱本邦的法制，决心按照我们的规定来过你的公民生活，此外还在本邦生育后代，表明你喜爱雅典。而且在受审的时候，你如果希望脱离本邦，本来可以提出流放来作为刑罚，可以在城邦允许下做到你现在打算偷偷进行的事，但是当时你装模作样，说如果判死刑你并不在意，说你宁愿处死不要放逐。你想想自己说的这些话，难道不感到羞耻吗？你目无法律，意图毁坏法律，做着最下贱的奴才能做出的事，因为你跟法律取得协议，同意依法过公民生活，却违背协议图谋潜逃。"[①]

城邦这个共同体使苏格拉底得以出生（通过他父母的结合），并养育了苏格拉底。苏格拉底成年之后，虽然他可以选择离开，但没有这样做，而是与城邦签订了契约。（在最早期，人们按照卢梭的方式达成社会契约，但此后的每一代人不可能重复这一过程，契约更新就在具有选择权后仍然选择留下这一过程中完成了。）

苏格拉底只是共同体利益与个人利益冲突的一个典型例子。亚里士多德也遇到过类似的处境——亚里士多德是亚历山大大帝的老师，亚历山大死后，雅典人开始奋起反对马其顿的统治，由于和亚历山大的关系，亚里士多德被指控不敬神，而他选择逃亡到哈尔克里斯避难，还留下了著名的句子："我不想让雅典人再犯下第二次毁灭哲学的罪孽。"亚里士多德和苏格拉底都陷入困境（具体说来，都是个人与共同体的矛

---

① ［希腊］柏拉图：《柏拉图对话集》，王太庆译，商务印书馆2004年版，第67—68页。

盾），两个人虽然做出了截然相反的选择，但都成为经典，给我们提供了很多思考和启示，也在我们面前展开了多种可能性。

二、人的社会化历程

既然人的社会化是不可避免而又非常必要的，那么我们每个人是怎样开始进入社会，与他人联结的呢？

一方面，在我国，以及受到儒家文化影响的日本和韩国，儒家文化是流变观念的深层河床。从孔孟时期开始，《论语》中就有很多如何为人处世的箴言，也有关于君子的论述（如"君子坦荡荡，小人长戚戚"）、以"仁"为主题的教诲。宋明儒学则细分讨论了"身心之学""性命之学""君子之学""圣人之学"等。"君君，臣臣，父父，子子""君惠臣忠，父慈子孝，兄友弟恭，夫义妇顺，朋友有信"等以文字的形式确立了个人的行为守则。在中国传统社会的观念中，个人首先是被放置在社会关系的脉络中考虑的。

在近现代的对于中国社会的研究中，一批优秀的学者透过对中国社会的深层观察，从不同的视角呈现出中国文化脉络下个体与群体、社会间深刻联结，诸如梁漱溟先生的"伦理本位"、费孝通先生的"差序格局"、许烺光先生的"情景中心"等。冯达文先生也有如下论述："我们以为中国儒学传统实际上便是以关系为本位（或本体）的一种思想意识，是以关系为本位去寻求对世界的认知和把握的一种思维方式"，"中国传统的认知方式及由之形成的思想意识从一开始就不是着眼于寻找构成整体事物的各个部分、要素、原初特质,而是注重事物的相互关系,注重从事物所处的特定关系去对事物给予介说,去评价事物存在的价值意义"。①

而在现代,传统的儒学价值观遭遇了挑战。现代文明以商品生产和商品交换为基础,个人通过正当劳动与经营获得财产的私有权,也具有进入市场的自主和自由,显著地突出了个人权益。个人作为现代社会的基本结构得到重视,"一旦每个人仍然分别被当作某某人的儿子、女儿、女婿、亲戚来加以系属,被纳归于不同的氏族——宗族群体加以判认,那么,我们的社会就不可能形成一个普遍的'人'概念。这个越出了集团分界、群体归属、门第区别的普遍的'人'概念的形成,恰恰正是现代社会民主与法治的基础"②。"农业文明所形成的社会结构及其相关的道德意识不能容载社会公正、社会公德、个人自由与理性,这怎能不与现代文明相脱节呢?"③

另一方面,西方文化是从单独的自然个体出发来规范人性的,与儒学的关系本位截然不同。在古希腊,苏格拉底倡导的德尔斐神庙铭文是

---

①冯达文:《中国儒学传统的特质及其在当代改革中的意义》,载《现代哲学》1986年第1期,第77页。

②冯达文:《走出传统文化,才能走向现代化》,载《广州研究》1988年第12期,第34页。

③冯达文:《传统道德与现代文明》,载《学术研究》1996年第1期,第43页。

"认识你自己";福柯翻阅资料发现,此前德尔斐神庙的铭文是"关心你自己"。虽然"自我"不是古希腊哲学的核心命题,但是,"自我"(个体)概念的地位从近代哲学开始得到了更多的重视。

从笛卡尔"我思故我在"开始——即便"我"怀疑"我"正经历的(或我所经历的)一切是不是真实的,这一时刻"我在怀疑"也是确凿无疑的事实,那么在反思的背后,必有一个作为主体的"自我"。由此,"自我"在哲学史及西方文化中的地位就确定下来。在这个意义上,"我"所讲述的内容也都是相对真实的。如果"我"说"我今天见到鬼了",即便听到的人认为世界上根本没有鬼,这句话对"我"来说也是正确的,因为在"我"的经历上就是见到了鬼。

现代西方哲学中,胡塞尔的现象学吸取了笛卡尔"我思故我在"思想的精髓。胡塞尔悬置了外部世界是否存在的争议,把人的意识活动总结为体验流与意向相关项。如果没有类似"疼痛"的表象,也就根本无从得知自己有这种体验,它们是先天相关的。打个比方,在早期言情剧和言情小说中,虽然其他人都看得出来见面总是吵嘴的男女主角互相喜欢,但是他们两个对此毫无知觉,非要等到竞争对手出现时自己吃醋被身边人点醒才会恍然大悟:"这感觉……原来就是喜欢。"而胡塞尔概念里的"自我",不只是在体验流边上观看这一切,也可以向内观照自己。

建基于中国古代社会结构的儒学思想,与现代社会结构带来的新要求、西方文化中个体的地位产生的碰撞和摩擦,集中体现在近些年出现的"中二病"这个概念上。在父母看来,孩子上到初中二年级之后,就

第五章　社会化的历程

会开始激烈地反抗父母，与父母的摩擦日益增多。"中二病"被冠以"病"的名字，是因为社会认为少男少女在青春期的这种对抗是病态的、不自然的。

在西方关于"青春期"的研究中，个人的社会化历程是阶段性的，青春期作为一个特别的阶段被提出来并加以研究。譬如，埃里克森的社会心理发展阶段理论将正常人的一生，从婴儿期到成人晚期，分为八个发展阶段。在每个阶段，个人都面临新的挑战；而每个新阶段都建立在成功完成较早的阶段任务的基础之上；如果未能成功完成某一阶段的挑战，则会在将来再次造成问题；完成挑战则会给人以信心，进入下一阶段。在他的分类中，青春期属于第五阶段，会面对的心理危机是自我认同和角色混淆。

在过去的中国社会中，当"我"发觉"我"自身，"我"发觉产生自我意识的同时，就已经是社会化的个体了。进入现代社会，新技术不断发展，社会变得更复杂，个人要做出的选择也更多，这个过程就给人带来了更大的压力。

人类是脊椎动物，虽然在生物上有区别于其他动物的部分，但在成长这个话题上或许可以参考甲壳类。众所周知，甲壳类动物虽然没有骨头，但皮非常硬。如果甲壳类想要成长，就需要经历蜕皮这一过程。就算是有很大力气的巨蟹，在蜕去自己表皮的那一瞬间，因为非常柔软，所以可以被任何东西吃掉，是最容易受伤的时刻。但也可以这样理解——我可以成长的瞬间只能是我最脆弱的瞬间，是可以受伤害变弱的瞬间。虽然人类的身体是脊椎动物,但人的内心就像甲壳类一样,我们都拥有某种皮囊(让自己适应地伪装),都拥有"无论别人怎么攻击我,我都可以做得很好"的这种信念。虽然有不让内心受伤的坚硬的皮是很好的,但成长那一瞬间的难过、脆弱、痛苦也是必不可少的部分。

对于经历了烦恼或在经历成长的烦恼的人来说,或许能通过甲壳类动物得到些许的安慰,但实际上我们面临的世界有更多的未知和可能性。在不同的文化系统中,人的社会化过程是相异的。诸多对"社会化"的叙述也不尽相同,看待的视角也不同。其实,青春期并不一定会伴随"中二病"。比如萨摩亚人,他们在经历青春期时就基本没有出现类似的现象[①]。

另一个案例是这样的:夏威夷华人青少年通常被施予社交合群的高要求,而父母在他们的成长中与家庭的年长者一样,只扮演了引导者与建议者的角色。这使得夏威夷华人青少年不需要通过发展平行的同侪关系去获得社会心理均衡,他们在垂直的亲属关系中就能使自己的心态维持稳定。因而,他们过渡到成人的历程是渐进的,在面对社会现实时显得更加平和且不容易犯罪。相反,美国青少年是在物质条件满足与无微不至的爱护下成长的,父母对孩子的教育有强烈的控制欲。这使得孩子在成长的过程中会因接触社会产生较大的心理失衡,为了解决这一落差,他们在青春期时往往会依赖于同侪群体的平行关系。因此,这也使

[①] [美]玛格丽特·米德:《萨摩亚人的成年》,周晓虹、李姚军、刘婧译,商务印书馆2017年版。

得他们为获得同侪群体的认同而将情绪躁动诉诸暴力与犯罪成为可能。基于上述论证，相比于人际关系垂直联结的夏威夷华人青少年，由于人际关系横向联结的美国青少年缺乏年长者的有效引导，他们的成长历程可以说是突兀地由童年过渡到成年，无怪乎这些青年容易对社会产生敌视。①

三、在动态的过程中找到平衡点

对于"自我"的问题，西方文化和中国文化所关注的是不同的面向。以人本主义心理学为例，卡尔·罗杰斯认为，自我就是我们对自己的经验感受。个人向上成长的历程称为"自我实现"，这是罗杰斯认为的人最基本的性格历程。一个达到自我实现的人，可以把他视为一个有自信的人，在面对各种经验时，往往可以做出正面评价且接受挑战，进而成长。也就是说，只要长成最符合你的模样就好，每个人的任务只是发展成最好的自己。而回归到当下我们所处的环境中，我们所处的社会关系分别对我们提出不同的要求——亲戚想要的"我"、社会要求的"我"、学校期望的"我"、朋友需要的"我"等，甚至在上述关系下还可以细分出许多种类。

个体本位观和关系本位观之间的张力占据矛盾的主要位置，但个体的独立性与个体的社会关系不是割裂的、对立的。

---

① 许烺光：《彻底个人主义的省思：心理人类学论文集》，"国立编译馆"主译，许木柱译，台湾南天书局有限公司2002年版。

人生九章

20世纪20年代，美国精神病学家哈里·斯塔克·沙利文创立的人际精神分析理论认为，"人格只在人际情境中显现而别无其他方式"，人格是"在显示出人类生活特征的人际情境中反复出现的相对持久的模式"，也就是说，"人类活动和人类心灵不是原本就存在于个体内部的东西，而是在个体间的互动中产生的；人格是为了适应人际环境而形成的"。[①]如果人格不是固定的，而是与所处的不同人际关系相连，那么就既关乎个人的自我成长，又涉及人的多面性。同样地，现代学者在研究中国哲学时，进行了更深的挖掘，在提出批评的同时，指明了新的研究方向。

冯达文先生在文章中提出过对传统道德的批评：

农业文明给出的群体关系，基本上是一种氏族—宗族关系。在这种社会结构中，个人对氏族—宗族群体的绝对依赖性，固然培育了对所在群体的亲亲之情，然而，群体外的关系是冷漠的。……显然，这种社会结构是排斥社会公正，无视社会公德心的，这是其一。

其二，在这种社会结构中培育的亲亲之情，固然有利于维系所在群体的生存与发展，然而，事实上，群体内部的凝聚力越强，个人意向透过群体的过滤达到社会所受到的扭曲便越利害。在这里，个体是不能只身面对社会，自主地作出选择并直接接受社会保护的。显然，这种社会

[①]转引自［美］米切尔、［美］布莱克《弗洛伊德及其后继者：现代精神分析思想史》，陈祉妍、黄峥、沈东郁译，商务印书馆2007年版，第81页。

结构同时又是否弃个体自我及其自由的。

其三,在这种社会结构中,人的横向关系还是氏族——宗族纵向发展及产物。上一代人为下一代活着,这固然承担了义务,但同时也可以被转化为上一代人理所当然地支配下一代人的权利。①

杜维明先生更进一步阐释了儒学对个人的建构:儒学关注的"身心之学""性命之学""君子之学""圣人之学"等,其实也本质地体现了为自己的一面——"为己之学"。人和其他动物之所以不同,关键区别在于"学"。"我没有另外一个生命,我没有另外一个世界,我要在这个基础上来发展,这就是为了我自己,'己'是一个创造的源泉。"②也就是说,虽然他会说"作为一个关系网络中心点的我或者自我,必须是在人与人之间的关系网络中得以建立并实现",但也会说"我这个中心点不能够被化约或者消除掉。虽然很多因素都是外在的,但是只有做什么样的人,做什么意义的人是你可以掌握的,没有任何一个人可以剥夺掉"③。

---

① 冯达文:《传统道德与现代文明》,载《学术研究》1996年第1期,第42—43页。

② 杜维明:《为什么要"学做人"?——关于第二十四届世界哲学大会主题的思考》,载《重庆与世界》2018年第16期,第15页。

③ 杜维明:《为什么要"学做人"?——关于第二十四届世界哲学大会主题的思考》,载《重庆与世界》2018年第16期,第16页。

"成人是一个一直在发展的过程,而且发展过程中有很多不确定因素,而不确定因素多半是要靠自己的反思。不可能说我在某个发展阶段要离开而不再考虑这个问题,虽然在很多哲学思想中间有很多方法离开。有些传统的思路是暂时放其身来注重心,有些是注重精神性而暂时不要太照顾到我们的日常生活。儒家有一个非常奇特而且在中华民族人文心灵里根深蒂固的想法,就是你不能离开此世,你是一个具体的活生生的当下的人。……'学做人'就是在人世的此时此地,如何建立我们每一个人的主体性。"[1]

杜维明先生承认,"学做人"的过程是很艰难的。"在动态的过程中找到平衡点,其困难是你的心灵和你所处理的事情之间的交互影响所带来的各种不同的能量,使得你有各种不同的偏差。你一直要在这个调节本身的过程中,让你的良知,让你的本心所代表的常态,能够驾驭变化无穷的过程"[2]。

简言之,"学以成人",就是要在个人的自我成长和在不同的人际关系中保持多面性之间找到平衡点。同时,"人自觉地从心灵了解到,人是变动不居的,是一直在变化中不可能停下来的一个动力过程,而不是

---

[1] 杜维明:《为什么要"学做人"?——关于第二十四届世界哲学大会主题的思考》,载《重庆与世界》2018年第16期,第15页。
[2] 杜维明:《为什么要"学做人"?——关于第二十四届世界哲学大会主题的思考》,载《重庆与世界》2018年第16期,第17页。

一个静态的结构"①。

在处理社会关系之余，人也保有一项重要的自由："高层次的道德理念与精神追求，因为并不直接涉及个人利益与他人或社会利益的关系，社会固可以倡导，但决不可以干涉，更不应该强加。人们选择什么样的理念安顿自己的心灵，完全是每个个人的事，别人无权横加干涉。"②

四、与他人的关系

从个人的主体性出发，人与他人、社会的交往应如何展开？

人与他人的交往是逐渐展开的。我们从和父母的关系中培养出我们与他人相处的基本状态，因此，不同的人对舒服和安心的社交环境的感觉是有差异的。我们进入学校之后，与同辈人的接触也塑造我们的交往模式，我们开始接触到他人生活和我们生活的差异。这些差异可能是有关吃饭习惯、睡前习惯等细节方面的，也可能是更大、更倾向于价值观方向的。再后面，我们也可能会恋爱，亲密关系也会影响我们与他人的相处。在我们和他人的接触中，我们不断受到他人的影响，自己也不断

---

① 杜维明：《为什么要"学做人"？——关于第二十四届世界哲学大会主题的思考》，载《重庆与世界》2018 年第 16 期，第 15 页。

② 冯达文：《传统道德与现代文明》，载《学术研究》1996 年第 1 期，第 44 页。

影响他人，既会得到他人的喜爱，也会因为他人而受到伤害。

在学校体系里，所有人追求的目标大致相同。在高中阶段，我们基本上只是单纯地想着高考，似乎高考之后，一切都结束了。那个时候，我们期待长大，期待看到外面的世界，接触更广阔的世界。而且在小学和初中阶段，与大家相似的人更合群，行为举止不同的小朋友很难得到理解，反而可能被嘲笑或者霸凌。但是，就这样长到大学和更后面的阶段，我们发现与自己踏上同一条路的人越来越少了。我们身边能一起分享生活感受的人越来越少，上学时期的朋友大多时候不能和我们共感，感到孤独的时刻会来得很突然，总是想回到过去，回到幼儿园，回到总是很单纯快乐的时候。

有时候，我们也会感到社会化历程中自己是被动的。明明没有做好准备，却被推着到了要做出决定和选择的时刻。以前的人生，选择是很单纯的，考试只有答对和答错两种可能，荒谬到任何程度都不过是失去这道题的分数，正确到完美也只是获得满分。而到了现在，因为有太多选择，也有太多可能，自己要对这些可能负责，压力便陡然增长。我们总想将答案写到最完美，可是现在似乎已经失去了固定的指标。但万幸的是，做出看起来坏的选择，后面也总有其他的可能性，这也不失为一种安慰。

个人在面对社会给予的压力时，其实有许多选项。在现代社会中，许多人选择多种不同的生活方式。这种生活对做出选择的人来说，都有其各自的意义。在多元的文化中，我们了解到不同生活的可能性。看到

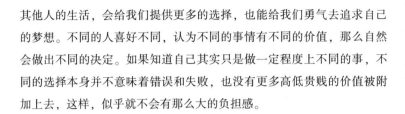

第五章 社会化的历程

其他人的生活，会给我们提供更多的选择，也能给我们勇气去追求自己的梦想。不同的人喜好不同，认为不同的事情有不同的价值，那么自然会做出不同的决定。如果知道自己其实只是做一定程度上不同的事，不同的选择本身并不意味着错误和失败，也没有更多高低贵贱的价值被附加上去，这样，似乎就不会有那么大的负担感。

在我们向外发展与他人的关系时，爱情是左右一段关系的重要成分。我们需要并希求爱，但同时爱本身是个非常复杂的主题，既体现在爱有很多种形式，也因为爱与许多主题交叉而有更多向度。爱有许多种形式，在很多种关系中产生。爱的表达方式也多种多样，个体差异极为丰富。爱是人们内心自然而然生发出的感情，虽然会受到外在因素的影响，但在根本上与外在因素联系不深。尽管我们受缚于有限性，爱却有惊人的强大力量。

首先，爱是尊重。尊重可能是比爱更重要的母题。在尊重基础上的爱，令人感到安心，它就像是宽阔的大草原上的小木屋，或者在大的石头平面上建起的房子，稳定而坚实。没有尊重的爱发挥不出其本有的力量，只能以悲剧结尾。尊重对方视角、立场与自己的不同，才能更好地理解彼此。尊重这个概念，本身大概可以解释为"尊而重之"，把对方认作比自己更尊贵、更重要的人（或者起码是与自己同等重要的人），所以重视他，重视对方的表达和意见。

尊重与自尊其实是非常微妙对应着的。尊重他人和自我尊重就像是在天平两端，如果不能尊重自我，那么必然会失去平衡，无法衡量在什么尺度上尊重他人，或者根本不尊重他人。如果一个人自尊且尊重他人，必定是个自信的人，能够协调好内外的关系，摆正自我与他人的关系。在最理想的社会中，所有人尊重所有人。

其次，爱也与责任感有关。当心中有所爱的人，无论是朋友、家人还是恋人，他都感觉到一种责任。这个责任不是社会强制通过舆论捆绑或（康德式的）道德上的，而是列维纳斯式的"呼召—回应"。只是列维纳斯要求的，对普通人来说更为严苛。列维纳斯认为，因为命运的残酷可能发生在任何人身上，意识到这一点之后，每个人就无法拒绝他人的呼召，即便是陌生人在路边对"我"发出呼召（包括任何形式的，不仅仅是拯救生命），"我"也要去回应。爱所生发出的责任感，是因为爱着对方，所以希望能够给对方自己所能提供的最好的东西，会为对方去做一些事情。即使自己并不能因此获益，在对方需要我的时候，我自然会响应他发出的呼声。

最后，爱会有付出和受伤。爱时的付出，人非但不觉得辛苦，反而可能感到幸福。带着爱意为对方做些什么，想让对方开心，是非常美好的。付出的爱得不到回应，则会让人受伤。爱本身已经是很伟大的感情了，即便对方没有回应，对另一个人怀有爱意也非常了不起。如果是彼此有爱，那将是非常美好的体验。

尽管爱统摄一段关系，但毕竟是人与人的关系。不同的人想法不同，所处的位置不同，成长经历不同，表达爱的方式和处理事情的方式也不同，人和人的交往就是在多元性之间进行碰撞。虽然激烈程度会有不同，但毕竟是碰撞，人会在这个过程中受到伤害。就像猫和狗的肢体语言不同，狗狗见面喜欢互相闻屁股，但是，如果狗对猫这么做，就很可能被猫一爪子拍到脸上。在被不同方式养育长大的人身上也是同理，一个人的举动可能会非本意地伤害到另一个人。通过良好的沟通，误会可能得到解除，伤口也能得到处理，当事双方也会对彼此有更好的了解。

但是，与此同时，也要警惕以爱为名的危险，或者并没有被施加者本人意识到的相关行为。这里会涉及边界感问题、价值观强加及羞辱。

在我们与他人的交往过程中，"我"与他人之间是不可能毫无间隔的。只有尊重每个主体作为主体的主体性，才有更健康的交往。这里就涉及人与人交往的边界感，主体作为独立的个体，必定有边界。边界感也应当为每个人所配备。哪里是"我"生活的边界，不接受别人侵犯；哪里是别人的生活，是我不该插足的部分。如果一个人总对他人的生活指手画脚，他不仅没有自己的生活，也破坏了别人生活的主体性，从而在根本上破坏了他人的生活。

还有一个与边界感相关的问题，就是强行施加自己的价值观。如果没有边界感，就会自然地认为"我"的价值观可以用来指导一切生活。没有边界感的人，会认为他人对生活做出了错误的选择或决定，自己则"不得不插手"帮对方纠正错误。其实生活既然是对方的生活，就该由对方来做选择。我与你喜好不同，认为不同的事情有价值，那么自然会做出不同的决定。即便真的是错误的决定，也要由选择的人来经历与背负。合适的行动，是向对方坦率地讲出自己的担忧，并把最终决定权留给对方。如果对方失败，则应该尽力提供对方需要的支持，而不是通过对方的失败来确认自己的权威。

如果通过利用他人的缺陷，使他人感到羞耻或弱小，从而确认自己的权威，这在本质上是一种羞辱。"羞耻"概念是社会构建出来的。在原始人时代，人们赤身裸体并不以为耻，穿衣服单纯是为了御寒。而在现代，在大众面前，裸体需要放下羞耻心，还需要提前的心理建设。如果裸体照片被暴露出来，当事人会遭到极大的羞辱。在现代社会不同的文化背景中，有些行动被划归到需要感到羞耻的范围。而有些文化则并不认同，甚至是主张这类行动的。

现在也有很多人选择将头发染色，有人染成非常鲜艳的颜色，也有人选择较接近天然发色的亚麻色、棕色、咖啡色等。虽然也会有人看着觉得不顺眼，但也有人觉得很酷并当面称赞染发者本人。最开始顶着鲜艳的发色出门者也可能会觉得羞耻，或许渐渐适应下来就不觉得了，也或许会因为他人的称赞而更鼓起勇气，当然也会有觉得羞耻而放弃的时刻。但是，如果知道了羞耻的标准，明白自己其实只是做了一件在一定程度上与普遍大众不同的事，似乎也不会有那么大的负担感了。然而，从另一个方向来讲，如果有人用羞耻来确立自己的优越性，通过使别人羞耻而获利，是非常不正义的。

虽然文化相对主义遭到了许多批判，但是在多元的文化中，我们了解到不同生活的可能性。其他人的生活，会给我们提供更多的选择，也能给我们勇气去追求自己的梦想。

第六章　被建构的认知

人建构了自己的本性，人创造了自身。

——彼得·L.伯格、托马斯·卢克曼

一、生活经验与理性知识

人是社会性的动物，单独的个体在现代社会是无法生存的。既然是以群居的方式出现，那么，不可避免地就会出现交流的情形。彼此之间的交流可以看作观点的表达与传递。由于每个人看待事情的角度或方式有所差异，产生了不同的观点，为了达成一致，就会涉及说服与论证的过程。而理性知识恰恰为我们提供了这样一种途径。人们期望能够通过理性的论证（辩论）过程来达到一个统一的结果，从而解决分歧。能够通过理性的辩论解决分歧进而达成一致固然诱人，但是，在实际生活中，理性的辩论并不必然会得出自己想要的结果，本章尝试从这个问题展开一定的讨论。

首先，大致对论证进行一个简单的说明。一般来说，按照前提与结论之间的支持关系，逻辑学将论证区分为两种，一种为演绎论证，另一种为归纳论证（此处将类比论证看作归纳的一种特例）。在演绎论证中，前提与结论之间的支持关系是必然的，只要推理形式正确，前提为真，那么可以保证结论必然为真；在归纳论证中，前提与结论之间不具有必然关系，前提的正确不能保证结论的必然为真，其推理结果是或然的，是可能会出错的。典型的演绎论证如三段论：所有的人都是要死的，苏格拉底是人，所以苏格拉底是要死的。在这个论证中，只要大小前提正确，那么可以得出结论是必然为真的。归纳论证如常见的：因为太阳之前每天都会升起，所以太阳明天会照常升起。在这个论证中，结论是根据之前的经验总结而来的，并不是必然正确的，它的结论是可以被质疑的，因为我们不能排除例外状况的出现，如太阳突然爆炸，但是因为这些状况发生的概率很小，所以一般可以忽略。从以上简单的区分不难看出，虽然演绎论证的前提与结论之间的支持关系是必然的，只要前提为真，推理形式正确，那么可以保证推理的结论必然为真，但在演绎论证中，其前提的来源是有待商榷的。例如，"所有的人都是要死的""所有的天鹅都是白色的"等命题，其正确性也是来源于归纳。所以，这里会有一个循环的意味。虽然演绎论证是很强的，但是演绎论证也只有在考虑形式而不考虑内容的情况下，才能将其特点表现出来。如果考虑实际的内容，就会遇到与归纳论证同样的难题，即如何面对可能出现的反例。

在日常生活中，归纳法的运用无处不在，归纳为我们的生活提供了一种指导，我们尝试追求一种"确定性"，例如，用之前习得的经验来指导今后的生活，人们在遇到与之前相似的情形之后，会做出类似的反应。我们总是对接触的事物进行分类，做出相应的区分，赋予其不同的性质。例如，对于内向的人，我们会有一定的特征的描述。凡此种种，从广义来说，都是归纳法的应用。这些行为会简化我们日常生活的复杂度，从而使我们处理事情时更加高效，更有针对性。例如，对人的内向、外向的区分，可以粗略地指导我们与其交往的方式，也便于我们理

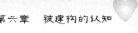

解某些人的行为。但是，由于归纳法本身的限制，前提真并不能保证结论必然为真，因此，面对可能出现的反例或者可能出现的不同的观点，应该如何应对，这就是需要考虑的问题。

说到归纳法，就不得不提类概念。使用归纳法的前提就是对日常生活中的事物进行分类，例如：交通工具是一类，方便我们出行；交通工具又可以根据出行的远近或者便捷程度进行细分，分到哪一个层级一般根据我们的需求而定。但是，日常生活中的分类并不总是如交通工具这样有明确的划分标准，面对一些涉及价值判断的事例，不同的人或许会有不同的分类标准。例如，在先秦时期，儒家与法家对圣人就有很大的争议，是否将孔子归入圣人这一类？儒家奉孔子为圣人，但法家并不认同，双方对圣人的理解并不相同，出于不同的目的，以及不同的治国方略，所以双方的差异很难调和。又如，儒家一直坚持回到三代，认为之前的状态很美好，但是韩非指出，社会是不断进化的，《韩非子·五蠹》曰："事异则备变。上古竞于道德，中世逐于智谋，当今争于气力。"双方的分歧有更深层次的内容，但是，两者之间又不能简单地通过论证来解决，因为没有人能够回到过去来描述当时的情形，所以只能是彼此的争论。

印度哲学重视思辨和逻辑，如甲说"声是常"，乙就可以反驳说"声无常"。甲方认为，声音是恒常的。乙方就做了一个论证说：声音是无常的，因为声音是造作出来的，凡是造作出来的都是无常的，如瓶子。乙方认为，这些理由都是甲方所认可的，所以这个论证可以让甲方接受"声是无常"的观点，但是，甲方可以进行反驳，甲方认为：并非所有造作的东西都是无常的,瓶子是手工造作的,所以是无常的;但声音是肚脐造作的,所以和瓶子不是一类,不能用瓶子的无常来论证声音的无常。此处,其体现了反驳论证常见的技巧,即反驳对方的前提,因为前提本身一般是归纳得来的,所以可以指出有特例的存在。从这些例子可以引出以下讨论:在日常生活中,我们的论证到底起到了什么样的作用?或者说,我们对论证到底应该抱有怎样的期待?

理论上来说,任何双方争论的观点(辩题)都是有一定的倾向性的,如果是完全价值中立的辩题,那么无论选择哪一方都是合理的,因为其本身就是中立的,选择其中任何一方都是合理的,那就不需要辩论了。如果不是价值中立的辩题,而是有一定的倾向性,那么为什么还要有辩论呢?既然已经有倾向性了,那大家全部选择有倾向的一方即可,也不需要辩论。当然,这只是从理论上来说,现实生活远比这个复杂,大家经常为了各种事情进行争论,以期获得一种共识,达成一致的意见。那么,现实生活中多了哪些因素导致辩论如此频繁呢?除了上面提到的大家关于价值的判断有各自不同的偏好,基于不同的立场、不同的生活经验,以及不同的利益,往往都会对同一件事做出不同的判定,从而使得大家就同一件事产生分歧,进而产生辩论。辩论的过程看似是一个理性的过程,论辩双方就某一观点,逐层提出自己支持与反对的理由,双方之间进行互动,期待用理由来说服对方,使对方接受自己的观点。在辩论赛中,双方的辩题尽量是价值中立的,从而使得双方的起点相同,不至于使一方太过于被动。以《奇葩说》为例,其中,对胜负的判断是以观众的投票为标准的。那么,在辩论过程中,辩手除了要考虑如何说服对方,指出对方论辩中存在的不足,更多的是变成一种争取观

第六章 被建构的认知

众的行为。简单来说，观众首先对辩题的正反双方进行选择，然后开始辩论，正反方通过发言，力求争取到更多的观众来支持自己。辩论结束后，观众进行投票，以最终投票结果与之前的投票人数差异来判定论辩双方的胜负。这种论证的评价标准诉诸观众的选择，并且观众的选择是在一定的时间内进行的，所以，现场观众并没有足够的时间进行思考，反思论辩双方的观点及论证是否合乎道理或是否理性，观众给出的更多的是一种情感的唤起。辩论正反两方为了获得观众的支持，首先，需要考虑观众的接受程度，然后与观众进行一定程度的共情，从而影响观众的决策。在这样的论辩过程中，更多的是一种技巧性的展现，而非真实的理性论证。其次，在论辩过程中，引用一些名人名言更多的是展现一种能力，而非一种深层次的思考。如在某一期节目中，辩题为"键盘侠是不是侠"，其中，反方引用了韩非的观点"儒以文乱法，侠以武犯禁"（《韩非子·五蠹》），以表明对侠的态度，认为有侠士存在不是一种好的社会现象。这句话在节目中效果不错，但是仔细想来，韩非此言是为了说明侠士对于当时的专制统治而言是有害处的，所以需要予以铲除。但是在不同的社会文化背景之下，在当代社会，这句话是否有其合理性，则需要讨论。显然，反方并没有注意到这个问题，正方也没有就此进行反驳。观众听到这句话之后，对其背景不是很了解，所以也很难做出适中的评价，而只是被反方的雄辩、引文所折服，从而不自觉地倾向于反方。或许，当观众终于回想起这件事的时候，投票已经结束，事后认清对当时的选择并不会有太多的影响。这是一种比较极端的论辩场景，即需要观众在一定时间（通常很短）内做出反应。但是，在我们日常生活中，很多事情并不是当场做决定的，而是一个比较漫长的过程，论辩双方总会经过多次交锋，时间跨度也会相对较长，之后才有可能得出结论。在这个过程中，可以避免当场做决定所引发的思考不全面的问题。但是，这样又会陷入另一个状况之中，即选择困难症，双方都很有说服力，从而不知道该如何选择。

  对于论证的研究，学界除了采用自上而下的方法（即预先设定好的论证标准，然后来评判日常生活中的论证），也有一种自下而上的方法（即探究日常生活中真实的论证是什么样的，或者说，日常生活中人们是如何进行论证的，并且哪些论证是更容易为人所接受的）。进化心理学家对日常生活中的论证进行了研究，发现了一个比较有趣的现象，即我方偏差。我方偏差是指，人们总是倾向于寻找很多支持己方观点的理由，而对反对的理由视而不见；另一个表现为，如果人们为了说服自己去做一件自己想做的事，或者自己不反对的观点，那么这个论证可以是很弱的，但是，如果别人尝试用一个很弱的论证来说服自己做一件自己不愿意、不同意的事情，那么这个论证显然是不被接受的。这里存在一个矛盾，作为一个理性的个体，对于同样是很弱的论证，却产生了截然相反的态度。对于这样一种现象，笔者并不想做任何价值方面的评价，即这种现象是好是坏，或者这种现象是否应该避免。进化心理学家对此做出的简单解释，认为这是基于经济性的原则进化而来的一种能力，如果一个观点与自己原有的认知不冲突，那么，我们没必要浪费太多的精力去论证这个观点的合理性；但是，如果想让我们改变某些原有的认知，那么这个论证就需要一定的强度。进化心理学家还发现，在日常生活中，人们彼此进行说服的时候，最先提出的论证往往是很弱的，甲尝试让乙接受其一个观点，甲并不会将很强的论证摆出来，而是先说一个较弱的论证，如果乙接受，那么过程就此结束；但是，如果乙不接受，在双方互动的过程中,才会生成较强的论证,而且甲并不会提前想好可能遇到的反驳,并准备好应对的方案。一切都是出于经济性原则,即没有必要浪费太多的资源,因为如果弱的论证可以解决问题,那么就不必费尽心力去想强的论证。以此,或许可以解释为什么日常生活中见到的很多论证仔细看都是很弱的。这种现象不禁会让人问,理性在社会生活中是一种什么样的地位呢?

日常生活中,尤其是我们在学校阶段,总是尝试用辩论的方式解决分歧,有观点不合的场景,总是寄希望于论辩,希望自己的一套理由能够说服对方,使对方接受自己的观点。这种想法固然没错,因为在社会生活中,理性是一种良好的品质,社会生活的规则教导我们要遵循理性的行为模式。但是,首先,并不是所有人都能够平等、公正地来为自己的立场做辩护的;其次,正如上面所提到的,在论证过程中,由于多数涉及价值论断,或者归纳法的使用,导致每一个论证其实都是不完善的,都是可以被反驳的。所以,我们不能太过于寄希望于通过理性的论辩来让对方接受自己的观点。如果在我方做了很强的论证之后,对方坚持他原有的观点,我们不需要感到不适。笔者觉得应该认清这一点。那么,论证是否还有用呢?或者说我们还需要学习如何论证,如何识别一个论证的强弱吗?笔者觉得是必要的。

这里可以分为几个层级。第一层级,在没有学习系统的反思之前,我们或许会出现我方偏差的情形,即努力寻找能够支持自己观点的证据,而忽视其他反对的证据,在这个过程中,虽然有可能自己的论证是强的,但是由于自己并没有意识到我方偏差现象的存在,自己做的论证没有考虑充分的情形，并不能帮助自己意识到反方的存在，从而能够为自己的观点做更加充分的辩护。第二层级，意识到我方偏差的存在，在为自己的观点做论证的时候，能够考虑反方的观点，并做到"了解之同情"，能够从反方的角度考虑问题，多方面考虑问题，不仅能使自己面临可能存在的反驳，更重要的一点是让自己认清问题的本质，而不是由自己已有的立场来决定自己的选择，从这一点出发，才能做出更好的选择，或者更为明了的选择。第三层级，其实就是在第二层级之上，如果能将反方的论证做得足够好，就会发现在真正选择的时候，面临的正反双方的论证是同等强度的，或者说是接近同等强度的，这样对我们的选择其实是不利的，因为在想了很多之后，最终发现，论证其实并不能为我们的选择提供一种指导，虽然它有可能使我们认清一些事情，但是，最终的选择并不是由论证本身决定的。正如威廉·詹姆斯在《宗教经验种种》中所提到的，理性本身对信仰的选择提供不了任何帮助，理性只能是在选择之后，为我们的选择提供一种解释，或者说论证我们选择的合理性。日常生活中也是类似，论证本身并不能帮我们做选择。

凡事总是需要一定的度，不能太过，因为"过犹不及"。但是，"度"本身也是不确定的，只能基于个人的经验总结，每个人的度、每个人反思的结果也是有差异的。

以上只是想推出一个观点：理性的论辩固然重要，但是我们不能寄希望于通过论证来解决日常生活中所有的事情。所以，在面对论辩之后，对方不接受自己观点的情形，自己不能抱有情绪，我们应该理解这种现象。

第六章 被建构的认知

《庄子·齐物论》曰：

夫随其成心而师之，谁独且无师乎？奚必知代而心自取者有之？愚者与有焉。未成乎心而有是非，是今日适越而昔至也。是以无有为有。无有为有，虽有神禹，且不能知，吾独且奈何哉！

夫言非吹也。言者有言，其所言者特未定也。果有言邪？其未尝有言邪？其以为异于鷇音，亦有辩乎，其无辩乎？道恶乎隐而有真伪？言恶乎隐而有是非？道恶乎往而不存？言恶乎存而不可？道隐于小成，言隐于荣华。故有儒、墨之是非，以是其所非而非其所是。欲是其所非而非其所是，则莫若以明。

物无非彼，物无非是。自彼则不见，自知则知之。故曰：彼出于是，是亦因彼，彼是方生之说也。虽然，方生方死，方死方生；方可方不可，方不可方可；因是因非，因非因是。是以圣人不由，而照之于天，亦因是也。是亦彼也，彼亦是也。彼亦一是非，此亦一是非。果且有彼是乎哉？果且无彼是乎哉？彼是莫得其偶，谓之道枢。枢始得其环中，以应无穷。是亦一无穷，非亦一无穷也。故曰：莫若以明。

庄子说得很清楚，是非判定是基于不同的立场而做的，虽然在一定群体之间能够达成共识，但是，我们不能忽视不同意见的出现。生活经验的不确定性最终导致了理性的基础（通过归纳产生的命题）发生了不同，从而引发了彼此之间的争论。通过争论我们可以明确双方更深层次的分歧，但是，解决分歧本身不能太依靠论证本身，而是要综合各方面的因素。正如上面提到的：如果一个辩题本身是有价值倾向的，那么是没必要论辩的，因为有价值倾向本身其实就已经做出判定；但是，如果是价值中立的，那么同样是没必要论辩的，因为选择任何一方肯定都是没问题的。

二、充满着建构的世界

即使我们竭力地通过理性逻辑思考来展开论辩，但由此得出的结论仍然不一定是正确的，因为我们对事情的态度和理解往往是和我们的价值倾向息息相关的。而我们的生命世界在与他们的交际互动中，在具体的社会情境中，往往又会被潜移默化地影响与建构。

心理学家对于人和社会的关系，以及人是如何被社会所影响的，同样充满了兴趣，并在这一主题下开展了许多影响深远的经典实验。这些实验的结果一方面揭示了我们人类在社会情境中具体行为的背后逻辑，另一方面也指导着我们不断地觉知自身、理解自身和改变自身。那么我们是如何被影响的呢？我们一起来看两个心理学实验。

（一）同侪的力量：从众实验[1]

从众（conformity）是指个人的观念和行为由于群体直接或隐含的引

---

[1] ［美］韦恩·韦登：《心理学导论：原书第9版》，高定国等译，机械工业出版社2016年版，第414—415页。

导或压力而与多数人保持一致的倾向。20世纪50年代，所罗门·阿希(Solomon Asch)设计了一个精巧的程序用于研究人在社会压力下的从众行为。

在实验中，研究者让一位真被试与另外6人（实际上是实验者的助手，即假被试）一起坐在桌旁，真被试在倒数第二个位置上，其对于其他6人为假被试这件事并不知情。实验者向他们呈现3条长短不一的线段，并要求他们判断哪一条和另一幅画中的标准线段一样长（见图6-1）。所有的人都要发表看法，每个人轮流公开地说出自己的判断。

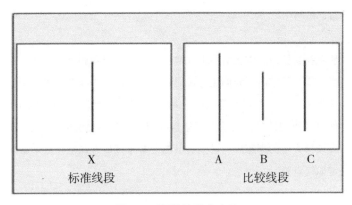

图 6-1 阿希的从众实验

头两轮的实验中，假被试都给出了正确的反应，而到了第三轮，假被试统一说出错误的答案，用来迷惑真被试。在接下来的全部15轮实验中，有11轮的实验所有的被试都给了一致的不正确的反应。实验的正确答案是显而易见的,但许多轮实验中,真被试选择了与其他人保持一致的答案,这也就意味着从众行为的出现。

综合了 50 名被试的结果来看,阿希发现,年轻男性在 37% 的回合中表现出从众行为。在后续的实验中研究者发现,团体的规模、团体意见的一致性等都会影响人的从众行为。

那么为什么会出现从众呢?心理学家的解释有两个重点:一是规范性影响,这是指人们由于畏惧消极的社会后果会选择服从社会规范;二是信息性影响,这是指人们在不明确的情况下,通常观察别人的行为来指导自己的行为。

从众在我们的日常生活中十分常见。例如,当我们参加一些庆祝活动,当大家都鼓掌时,我们也会习惯性地跟着鼓掌;或者是当餐桌上来了一位客人,大家都起身迎接时,继续坐在位子上常常会让人感到不适。信息性影响比较常见的例子是当我们去一个不熟悉的地方吃饭时,我们会选择人多的那家店,进到店里也会参考其他人在吃什么来帮助自己决定如何点菜。

从众并不意味着不好,从上面的例子可以看出,从众在很多情境下可以帮助我们做出信息决策,做出合适的行为。我们在此想提醒大家关注的是,我们的行为很多时候并不只由我们自己决定,我们也会受到同伴的影响,也会受到社会规范的力量的作用。特别是我们生活在儒家文化圈的关系性社会氛围中,关系对于我们而言有着诸多的意义,这也意味着我们会在生命成长的过程中不断与关系互动,也会受其深刻的影响。

(二)情景的力量:斯坦福监狱实验①②

在阿希的从众实验近 10 年之后,菲利普·津巴多(Philip Zimbardo)的又一个实验再次向我们呈现了我们可以被如何深刻影响,这就是著名的斯坦福监狱实验。

斯坦福监狱实验(Stanford Prison Experiment, SPE)是一项社会心理学实验,试图研究感知权力的心理影响,重点是囚犯和狱警之间的斗争。它于 1971 年 8 月 14 日至 20 日在斯坦福大学进行,由心理学教授菲利普·津巴多领导的研究小组利用大学生进行研究。研究前,实验者通过对 70 多名志愿者的一系列测试和访谈,最终选定了 24 名身体健康、心理状态稳定的大学生作为被试。在研究中,被试通过抛硬币的方式被分配到一个模拟监狱中当"狱警"或"囚犯"。而被指定为犯人们的人会在他们的家里"被捕",被戴上手铐并被转送到在斯坦福大学中仿造的一座监狱里;抵达时,他们被要求脱去衣服,喷上灭虱药,穿上监狱囚犯制服;在被分配了数字作为身份信息后,他们被锁进铁窗隔间

---

① [美] 韦恩·韦登:《心理学导论:原书第 9 版》,高定国等译,机械工业出版社 2016 年版,第 414—415 页。

② 更多资料可参见[美]菲利普·津巴多《路西法效应:好人是如何变成恶魔的》,孙佩妏、陈雅馨译,生活·读书·新知三联书店 2015 年第 2 版。

中。而被指定为狱警的人则会穿上卡其色制服，配上警棍和手铐，戴上反光太阳镜，并被告知他们能够以他们想要的方式来管理监狱。

实验开始后不久，囚犯和狱警就爆发了对抗，狱警们迅速制定了一系列有些残酷的策略（包括剥夺食物、洗浴权等），以维持自己的掌控。最终原计划进行两周的实验，在开始6天后被放弃。早期的实验结果报告称，学生很快就接受了他们被分配的角色，一些狱警实施了专制措施，最终使一些囚犯受到了心理折磨，而许多囚犯则被动地接受了心理虐待，并在警官的要求下，主动骚扰其他试图阻止狱警的囚犯。

研究公布后，引起了很大的震动，研究者对于实验的解释是被试的行为受到了其社会角色的巨大影响。在现实生活中，我们对各种各样的职业和角色都带有一定的期待，即此角色的人应该如何表现。而在斯坦福监狱实验中，被试对于囚犯和狱警的角色同样有着大致的了解，因此，在实验的不断开展中，被试逐渐被自己的角色融化。

考虑到在实验前的测试中，被试在人格和性格等维度上并不存在显著的差异，我们由此可以感受到情景力量的巨大。在《路西法效应》一书中，作者同样回顾和总结了其他类似的情景研究，包括虐待患者、"制造"纳粹分子、把小学生变成野兽等，在此我们不讨论诸如此类实验的伦理性议题。当我们把目光集中在情景的力量时，我想我们都可以感受到我们是如何被所处的情景塑造和影响的。

诸如此类的研究仍然有很多，包括行为经济学领域也有许多研究的主题是如何更好地影响和推动人类。2017年诺贝尔经济学奖的获得者是行为经济学家、社会心理学家理查德·H. 泰勒，他所提出的"助推"（nudge）理念已经成为我们经济生产生活中很重要的一项理论应用。作为一种"温和的专制主义"，助推理念告诉我们如何在不使用强制手段的方式下，帮助人们做出能得到最大收益的选择。①

在我们的日常生活中，被建构和被影响的认知与行为也随处可见。接下来我们以性别为例，一起更加深入地了解现实的社会建构。

三、被建构的我们：以性别为例

打开微博、公众号或者短视频软件，常常能看到、听到各类"女权主义"的言说，有的说女性应该经济独立，有的说女性应该擅长"使用"性别优势；类似地，也存在"处女情结吧""女德吧"，宣扬旧时女性的三从四德。总之，网络中关于性别的讨论从未停止，人们各执一词，却很少有哪一家将这一问题说出个所以然来。历史唯物主义的理论阐释了十分重要的真理：人类不是一种动物，而是一个历史事实，性别的历史在本质上取决于技术史。性别之所以会成为一个问题，正是因为随着经济和工业的发展，旧的性别观念已经不适用于指导现代人们的生活。但是，性别歧视仍然存在，其程度超过我们的估量。这种歧视不仅对女性，对男性也是如此。然而，我们需要的是什么样的平等？如果想

---

① 如有兴趣，可参见［美］理查德·H. 泰勒、［美］卡斯·H. 桑斯坦《助推：我们如何做出最佳选择》，刘宁译，中信出版社2009年版。

人生九章

尝试回答这个问题,就必须先对性别做一番考察。本章欲从生理和社会层面阐述性别。生理层面将不会注重描述差异,而是尝试为性别的种种生理差异提供个体生存意义上的解释。社会层面则会侧重描述个体的性别认同和性别角色的产生及其社会文化的关联,并尝试提出理解当下一些流行现象的角度。需要说明的是,本书并不提出对性别问题的既定看法,而只提供理解性别的角度,以便读者参考,形成对性别问题的独立看法。①

怎样定义性别?从生物学的角度来说,性别意味着生理特征的不同。首先是染色体的差异,并由基因差异导致胎儿期性激素的差异,继而产生生殖器的分化,并在成人过程造成肌肉、骨骼、体态,甚至大脑发育的性别差异。女性的性器官包括阴阜、阴唇等外生殖器,以及卵巢、子宫等内生殖器;男性则生有阴茎、睾丸等。一般来说,女性的身体更圆润,脂肪含量较男性高,而男性的身体更加健壮,肌肉更加结实有力。目前,有较多证据支持的性别差异中,女性被认为较男性有更高的语言能力,而男性在视觉-空间任务中表现更优,这种差异最终都被归结于男性与女性的脑部差异。青春期是性成熟的开始,初潮过后女性身体内产生成熟的卵细胞,可与精子结合成配子,配子在子宫壁着床后开始分裂,最终成长为胎儿……以上都是为人熟知的从胎儿发育到成人

---

① 以下所述的观点主要来自《第二性》,作者西蒙娜·德·波伏瓦是法国著名存在主义作家。此书被誉为"有史以来讨论女人的最健全、最理智、最充满智慧的一本书"。《第二性》的作者所持的存在主义的道德理论是否应该被认同和接受,本书不做判断,只将其中一些观点加以描述,供读者参考。

生子这一过程中隶属于"性别"的事实。知晓这些事实固然必要，但一个同等重要的问题在于理解这些事实对个体意味着什么。

　　无论对于男性还是女性而言，从根本上来说，"繁育"是生殖器的唯一作用。身体的生长过程固然与生殖腺分泌的激素有密切的关系，但是，缺少生殖器不会从根本上损害生命。这样，在同一个个体中，同时存在着两套相对独立的系统，用于生殖的系统和用于保存个体生命的系统。如果抛开繁育后代带来的心理意义，不得不承认，这是一项极艰苦、需要花费大量财力物力并带来无数精神压力的活动。而从个体的角度来看，这一活动似乎与个体生命的保存和延续并不相关。"孩子是生命的延续"这一论述指的是心理和文化上的延续。生育是隶属于"人"这一物种的本能，因此可以说，所有的个体都在一定程度上被物种"占有"。但是，男性与女性被"占有"的程度是不同的。在一种较为流行的意象中，卵细胞被认为是稳定的、被动的，精子被认为是主动的和活动的，受精是"强制"的结果。男性在生殖中的作用是"向外"提供精细胞，女性则为"接受"。而且整个生殖过程的很大一部分工作是由女性独自承受的。这项工作首先需要女性身体长期地准备，女性从青春期开始就要承担例假带来的生理疼痛和不适，并且激素水平的变化会导致情绪易激动，喜怒无常。怀孕生产则不仅意味着生命可能受到种种威胁，还意味着心理可能发生重大的变化，如产后抑郁。生殖、哺乳、抚育的过程需要"全神贯注"，因此，女性作为母亲，要将个人生命的很大一部分奉献给物种，而自己生命的活力被消耗了。可以想见，对于男性，繁育的过程则要简单许多。"交媾是一种迅速的活动，它不减少男性的活力。"①物种的"占有"在绝经后结束，但同样要经历"更年期"这一充满情绪起伏、心理生理不适的阶段。下面这段摘自某电视剧的话提供了对这个过程很好的说明：

女人生来就内置了各种痛苦，这是我们生理上的宿命。姨妈痛、涨奶痛、生产痛，所有这一些，伴随着我们一生。男人则没有，他们所有的痛苦都要自己去寻找，让自己能够自苦，而我们女人在这件事上丝毫不逊，还自给自足。我们的痛苦一直都在，周期性的、年复一年的痛……等到你终于可以接受这些痛的时候，终于来了，绝经期来了，这真的是世界上最棒的一件事，虽然骨盆的确会塌下来，即使穿很漂亮的裙子也没有人愿意和你出去约会，但是你自由了，不再是一个生育机器。②

未被占有的，或者以一种无关个体生命活力的方式被占有的男性，开始形成个体的生存。他们找到越来越多的方式消耗自己掌握的力量："精神分析学家认为，人的首要事实，就是同他自己的身体以及社会内部他的同类身体的关系；但是，人对周围自然界的实质投以头等重要的关注，人力图在工作、娱乐，在'能动的想象'的所有经验中发现自然界；人认为能通过以各种各样方式理解的整个世界，具体地汇合存

---

① ［法］波伏瓦：《第二性：Ⅰ》，郑克鲁译，上海译文出版社 2011 年版，第 47 页。

② 摘自电视剧《伦敦生活Ⅱ》，有删改。

第六章 被建构的认知

在。"①男性在这种主动的发现中确立了自己主体的存在。女性在生育结束后,或者绝经期后同样能恢复个体的生存,但越是如此,就越显示出女性与自身的分裂。

但这种分裂同时在生育中重新获得统一,生育赋予了女性另一种自主性。美狄亚的故事②以一种极端的方式说明了这一点,为了向伊阿宋复仇,美狄亚杀死了她的两个孩子:"这个野蛮的传说表明,女人从把她与孩子联结起来的纽带中,可以汲取可怕的巨大影响。"③从存在的事实出发,能更清楚地阐明这一点:

> 主体的异化倾向:主体对它的自由感到焦虑,便在事物中寻找自身,这构成一种逃避的方式……孩子竭力在镜子中,在他双亲的目光中把握他异化的存在;原始人在超自然力、在图腾中异化;文明人在他们个体的心灵、在他们的自我、在他们的名字、在他们的财产,在他们的作品中异化……④

---

① [法] 波伏瓦:《第二性:Ⅰ》,郑克鲁译,上海译文出版社 2011 年版,第 69 页。

①古希腊戏剧家欧里庇得斯(Euripides,公元前 480—前 406)的悲剧《美狄亚》中,女巫美狄亚的丈夫伊阿宋变了心,要把她赶走,激起了她的愤怒。为了复仇,她杀两个儿子,以绝伊阿宋的后裔。

② [法] 波伏瓦:《第二性:Ⅰ》,郑克鲁译,上海译文出版社 2011 年版,第 13 页。

④ [法] 波伏瓦:《第二性:Ⅰ》,郑克鲁译,上海译文出版社 2011 年版,第 71 页。有删改。

孩子对于母亲来说,可以说是这样一种异化的存在,孩子既来源于母亲,又异于母亲;而对于父亲来说,这种异化带来的对自身存在的确认效果要小得多——从理论上说,父亲永远没有办法确证孩子的血缘。然而,这只是一种生存意义上的假说,实际上生育给一个个体带来的究竟是积极的效用还是毁灭性的灾难,是一个涉及经济状况、社会环境和个人心理状况的更加复杂的问题。如同前面所说,对女性生理特征和生育的这一理解只提供一种思考的角度。生理特征的差别或许在医学和生物学上是重要的,但并不适用于个人体验过的处境。毕竟"人不是一种动物,而是一个历史现实"[①]。

生理的特征说明了女性被物种占有的事实,但占有的程度可以因所处环境的不同而改变:如果女性被要求生育很多孩子,并且被要求独自抚养孩子,可以说她们是深受奴役的;但是,如果在生育孩子时,社会、家庭给予了她们很好的照顾,并且在生产后对孩子的照顾给予相应的帮助,生育就不会成为一种负担。可见,对性别的探讨不能仅停留在生理层面,社会的因素同样重要。

社会层面的性别定义相较于生理层面的定义要复杂得多,它不仅仅是填表格时简单的"男""女"两个字,还包括与这两个字对应的行为规范和"气质",它代表了性格和社会分工。心理学家用"角色"来概括人的社会性别。"在戏剧中饰演一种角色,如果仅仅是'演',那还

[①] [法]波伏瓦:《第二性:Ⅰ》,郑克鲁译,上海译文出版社2011年版,第76页。

只是一种游戏。真正优秀的表演，实际上是达到'是'的境界的角色获得，也就是说，不仅仅有饰演角色的行为方式，更具有角色的内心世界和体验。"[1]通常人们会认为，男孩子应该勇敢、主动、竞争，而女孩子则应该柔顺、被动、安静。实际上，孩童从出生开始就接受各种各样的对其性别角色的塑造。实验表明：婴儿通常被给予与他们性别相匹配的玩具，比如洋娃娃给女孩，汽车模型给男孩；并且使用与性别对应的词语来描述一个孩子，比如女孩子是圆润的，男孩子则是强壮的；也会使用不同的行为方式对待不同性别的孩子，比如女孩接受更多的语言关注，男孩接受更多的直接行动。到青春期，孩子还会从同辈中学习到符合自己生理性别的行为和思考方式，新闻、影视剧、文学作品都是传递这些信息的媒介。因此，角色与其说是一种实际上的性别分类，不如说它说明了社会对与性别有关的两性行为的社会期望。这种期望往往导致了性别的刻板印象。人的遗传、激素和解剖学特点构成了社会性别的生物学基础，在此基础之上，个人还形成了阴性或阳性的意识，即性别认同："对自己的男性、女性或性别矛盾身份持有的——尤其表现在自我意识和行为方面的——较轻或较重程度的同一性、整体性和持续性。性别认同是性别角色的个人体验，性别角色是性别认同的公共表达。"[2]显然，简单地将阳性特征赋予男性，将阴性特征赋予女性是不可取的；一个人可以同时具有阳性和阴性的特征，并且可以随着环境的不同而转变，而不是人们通常认为的：一个人如果在阳性特征上得分高，就一定

---

[1] 金盛华：《社会心理学》，高等教育出版社 2010 年第 2 版，第 35 页。
[2] ［英］凯查杜里安：《性学观止》（插图第六版·上册），胡颖翀等译，世界图书出版公司 2009 年版，第 296 页。

在阴性特征上得分低。在一项对大学生进行的调查中，35%～40%的学生认同自己的生理性别，表现出与自己生理性别相一致的心理特质；35%的学生表现为双性性别认同，表现出相当平均的对阳性和阴性特征的认同；15%的学生是性别倒错，即男性认同阴性特征，而女性认可阳性特征；还有15%的学生属于未分化类型，对阳性和阴性特征的认同程度都很低。后续的研究表明，具有双性性别认同的人对婚姻和生活的满意度更高。这是因为阴性行为和阳性行为并不是非好即坏的，它们的价值由环境决定。无论对于女人还是男人而言，阳性特征在商业领域所起的作用比较大，而阴性特征在家庭关系中所起的作用更大。如果男人和女人在自己的角色中有同样的权利和责任，性别差异就不再是一个问题了。

那么，性别认同与生理基础的关系是什么？是生理特征的天然差异导致了性别角色的差异，还是性别角色是社会的产物，只不过是人们按生理差异对其进行划分？曼尼和埃尔哈特在1972年提出了一种性心理分化的交互模式。生物因素与环境因素并不是独立地起作用，性别分化也不是瞬间完成的，生物和社会因素在性别分化的过程中持续相互作用，开始于受精卵，并在成人期到达终点：

性分化的指示"程序"由染色体携带，并转移到未分化的生殖腺，而生殖腺依次通过它们的激素将它传递到各种组织中。基因和激素引起两性的身体差异……这些术语所表达的我们自己的感觉赋予我们以身体意象。

同时社会因素也在起作用。从出生那一刻起男孩和女孩就被区别对待。这种区别对待一直贯穿整个人生,不断地加强由文化定义的性别模型和刻板印象。通过身体意向,它塑造了青少年的性别认同。在下一个阶段,由青春期激素引起的变化使得男孩和女孩在身型(青春期形态学)和性功能(青春期的性倾向)上进一步分开。所有这些发展形成了成年的性别认同。①

性别形成的交互模型再一次说明,了解生理的差异并不是理解性别和性别问题的结束,而是基础。所有隶属于人的问题都必然要在社会中寻找答案。

四、重新建构属于我们的意义

生命世界的诸多内容都会受到社会、情景和他者的影响,除了外显可见的行为,我们脑海中的认知和对事物的理解也是可以被建构的。在继续展开之前,我还是先和大家分享一个心理学实验,即意义的建构——费斯廷格认知失调实验。②

1959年,费斯汀格(Leon Festinger)和他的助手卡尔史密斯(James Carlsmith)设计了一个实验以证明认知失调理论。整个实验将被试分为

---

① [英]凯查杜里安:《性学观止》(插图第六版·上册),胡颖翀等译,世界图书出版公司2009年版,第305页。有删改。

② [美]韦恩·韦登:《心理学导论:原书第9版》,高定国等译,机械工业出版社2016年版,第412—413页。

三组,第一个实验组的被试因向后来的被试撒谎而得到 1 美元的奖励;第二个实验组的被试因撒谎而得到 20 美元;第三组为对照组,被试没有撒谎。每组各有 20 名被试。实验的因变量为被试在访谈阶段对实验任务的真实感受。

　　被试的任务:他们让被试做两项极为无聊的工作。第一项工作是解开或绕线;第二项工作是在木板上摆弄 48 根小木棍,每项进行 30 分钟。之后实验者告诉被试说,这项研究的真正目的是想验证被试在完成该工作的绩效过程中,如何受他人预先对此工作评价的影响。实验者还跟被试说,由于人手不够,希望被试能够提供帮助,具体任务就是告诉下一个进来的人这项工作很有意思(实则为撒谎)。被试有的得到 1 美元的报酬,有的得到 20 美元的报酬。

　　实验结果:三组被试在访谈问题上的答案出现了显著差异,相对于那些得到 20 美元及没有撒谎的被试而言,得到 1 美元的被试更喜欢这些枯燥的绩效考核任务。

　　费斯汀格认为,当态度和行为出现不一致时,个体就会处于一种失调的状态,这种状态会导致个体产生不适感和紧张感,认知失调对个体越重要,不适感和紧张感体验程度越深。为了摆脱这种失调引起的不适感和紧张感,个体常会改变自己的态度,以此消除态度和行为之间的不一致。这就是著名的认知失调理论。

　　回到我们的实验中,从事无聊工作时,不充足理由组(为得到 1 美元而撒谎）将经历最大的认知失调，并产生最大的态度改变；而充足理由组（为得到 20 美元而撒谎）没有产生认知失调，所以态度发生最小的改变。当被试无法为自己的矛盾行为找到合理的托词（巨大的奖励）时，他们会产生更为严重的认知失调，认知失调所导致的更为强烈的紧张感会促使其态度做出更大幅度的改变。

看完这个实验后你有什么启发吗？我们的大脑在经历认知失调后会去促使我们的态度进行大幅度的改变，以此来帮助我们获得舒适感。也就是说，在面对困顿的情景时，我们是可以透过建构我们的态度和认知来改善我们的内在心理体验的。这也就是我们想在本章的最后与大家分享的内容：请学会主动建构意义来提升我们的幸福感。

在学校和社会单位中，我们会面向学生和企业职工开展团体心理辅导活动，其中，有一个比较有趣的合作项目叫作搭塔。我们会给各个小组一些报纸、胶带及剪刀，并请大家用全部的道具打造一座属于自己小组的高塔。在项目开始之前，我们会请各个小组进行 5~8 分钟的讨论，用于构想塔的形状和结构，讨论可能会遇到的问题及其应对策略。之后各个小组有 20~25 分钟的时间来围绕小组的设想蓝图进行搭塔。

但由于时间的有限性，以及道具报纸的质地较软等原因，往往在时间结束后各组搭起的塔总是和预设的有很大的不同，甚至有些小组直到最后都没能搭起一座真正意义的塔。当然，我们的重点不在于塔的好坏或者高低，所以在完成搭塔后我们并不急于讨论问题出在哪里，又该如何修正。我们接下来的一步是请大家围圈而坐（围着自己的小组的塔坐成一圈），认真观察自己小组的塔，并在5分钟内为塔命名，并赋予它属于小组的意义诠释。之后邀请大家派代表在大组内分享。

在经历过许多场团体心理辅导活动后，我们发现，即使最后的塔大多与各组一开始设想的并不一致，甚至有一些是完全与设想无关，但并不妨碍在最后的分享中各个小组为我们认真地介绍他们的作品的名字和意义。一般在团体心理辅导活动的最后，我们会结合这一点做总结分享，提醒大家意义是可以被建构的。

在我们日常生活中，我们会经历各种各样的事件，其中有正性的，也会有负性的，但这些事件会给我们带来怎样的身心感受往往取决于我们如何理解他和面对他。麦克·怀特在其著作《叙事治疗的工作地图》一书当中，借用许多翔实的案例并结合图表的形式向我们呈现了叙事治疗是如何一步步陪伴来访者将问题外化，并透过发现主线叙事之外的内容，重写叙事主线，建构新的叙事框架的。①

（重写对话）也帮助个案纳入某些较被忽略却具有潜在重要性的事件与经验。……它们提供另类的故事切入点，而这些故事线在对话一开始很少被看见。……个案会开始好奇并着迷于先前所忽略的生活层面或人际关系，随着对话进行，这些另类故事线会越来越明显，并以过去为基础，成为重大的经验。此外，也为个案提供基础，在因应问题或困境

---

① 如有兴趣，参见 [美] 麦克·怀特《叙事治疗的工作地图》，黄孟娇译，台湾张老师文化股份有限公司2008年版。

时，产生新的想法或做法。①

对于生命中具体的生活事件和情景，我们常常会有一种主线的叙事方式，但值得注意的是，我们的主线在这个充满着建构影响的社会中，它是否是合理的、更贴切的？在本章作为运思编的最后一部分，我想和大家分享的是，我们多一些自我觉知，多一些运思加工，生命的意义是可以被你我主动建构的。面朝大海，春暖花开，需要的不仅是一幅美景，更需要一幅美的心境。

---

① ［美］麦克·怀特《叙事治疗的工作地图》，黄孟娇译，台湾张老师文化股份有限公司 2008 年版，第 56 页。

第三编

悟　道

第七章　德性的冲突

接受伦理命题的人，是有意于理性行为的人或有意于良好生活的人，而伦理命题的证成端赖于此。

——伯纳德·威廉斯

生活并不仅仅是"活着"。我们生来便无能为力地被置于种种经验关系的网络中，而道德以最直观的形式规定着这些关系的延伸边界与具体内容。常令我们感到困惑的是，道德这一并不完全具备先天有效性的存在物如何获得制约我们行动的资格？而在捕猎网中出生的我们，有一天终于意识到自我正逐渐被外在吞噬，我们又该如何为始终浸淫在有限性中的生命寻觅意义？

阿伯拉尔说："由于怀疑，我们就验证；由于验证，我们就获得真理。"这将成为我们的态度。

一、还原道德

据传说，吕底亚人的祖先盖吉斯原本是吕底亚国王的牧羊人，机缘巧合下，他走进一座宝矿，从里面取得一枚金戒指。在向国王汇报羊群情况的集体例会中，盖吉斯惊讶地发现通过转动戒指上镶嵌的宝石方向，他可以随心所欲地控制自己的呈现或隐身状态。利用这枚戒指，盖吉斯想方设法成为前往王宫的牧羊使者。而在进入王宫之后，他勾引了王后，并与王后合谋杀死国王，篡取了王位。

——《理想国》

想象一下如果你是盖吉斯，拥有了一枚戴上即可隐身的金戒指，由于你做的任何事都将不被看见，因而你也不会受到惩罚，你将如何行动？

当现代道德一次又一次地以强硬姿态通过"应当"承载的道德命令约束个体行为，而未能履行道德命令的个体则承受着愈发猛烈的道德谴责时，原初的人性本身便发生了冲突：欲望与自律、冲动与自制。更通俗一些讲，感性与理性的博弈由来已久，而且似乎难分上下。而这场博弈的唯一获胜者想必只有"怀疑一切"——冲突下个体内心挣扎的结果物。当"怀疑一切"落地于道德领域，道德自身的合规性根基就受到了挑战。由于与科学的分野，道德要求并不具备先天有效性，那么，为什么要有道德？我们又为什么要遵守道德？对道德起源探寻的渴望同所有其他类型的起源问题一样，热切又迷惘。

在追问道德起源问题之前，也许我们应该首先区分伦理学的两个基本概念：伦理（ethics）与道德（morality）。在日常语境中，我们常将伦理与道德混而用之，甚至创造出"伦理道德"这般的组合词，在此，这两个词的独特意涵应当得到澄清。从词源上来看，ethics 来源于希腊语词 ethos，常被译为习俗、道德或坚定的信仰，主要指城邦居民的一种遵守规范的生活方式；而 morality 则源于拉丁语词 mores，意为规矩、礼貌，两者都意指性向或习俗。但就伯纳德·威廉斯来看，"道德"所自的那个拉丁词更强调社会期待这层含义，而"伦理"所自的那个希腊词则更偏重个体品格。按照这种理解，倘若伦理偏向属个体性的德性与伦理生活，其关注的是主体性问题，那么道德则偏向隶属于社会建构部分的道德体系，它更多地关涉主体间问题。由此，威廉斯认为道德可以被理解为伦理的一种特殊发展。正是这一外在的、自我与他者间的交互关系强调了义务与应当的概念，实质上就个人德性而言并无外在应当的存在居所。这也就是我们常问"为什么我们要遵守道德"而不是"为什么我们要遵守伦理"的原因所在。

让我们回到盖吉斯的故事。在获得可隐身的戒指后，盖吉斯选择继续做不义之事，并最终得到了他所渴求的一切。在这个故事中，是否行正义之事的判断点似乎在于"能否逃避惩罚"。因此，两个向度的问题需要被区分开：在获取隐身戒指后，一方面是个人应当如何行动，另一方面是处于社会关系中的人应当如何行动。显然，后者需要考虑关涉的范围更广，内容也更复杂。按照倪梁康老师的看法，我们可以暂且粗略地将道德意识归类于三个来源，即道德产生于个体自身的内心本能，产生于主体间的约定与传承，产生于对宗教道德规范的信念。具体内容见表7-1。

表7-1 道德意识的三个来源

内在的起源——自然美德	与生俱来的、普遍的、不可教授只可激发
外在的起源——社会公德	后天的、人为的、可传授、仅具有相对有效性
超越的起源——道德准则	以信仰为前提、涉及神人关系而非人人关系

绝大多数人天生具备的道德本能已然为个体伦理奠定了道德情感基础。孟子认为,人生来便有"仁义礼智"四端,虽然这种论断一时可能较难接受,但"恻隐之心,人皆有之"确实难以否认。当我们"乍见孺子将入于井",首要的情感反馈都是对落水之人的担忧感。人类天生具备的共情能力使我们能够通过自己的感受,经由自己的痛苦感受他人的痛苦,这是由己及人、推己及人的过程。越来越多的实验研究表明,人类自幼就能表现出对他人的真切关爱。婴儿天生就对人类的声音和面孔有偏好,这些偏好是0~1岁儿童的社会发展和学习的基础。在1岁结束时,婴儿已经能够察觉并与他人分享自己的情感和意图。[1]不仅如此,他人导向的情绪过程在引导人类早期的亲社会行为中起着重要作用。2岁的婴儿在直接帮助求助者或观察求助者接受他人的帮助时,即表现出瞳孔放大的反应。[2]瞳孔反应主要反映自主神经系统的活动,瞳孔的扩张(而不是收缩)代表内部的情绪唤醒。进一步的研究发现,婴儿在观察到助人行为时其瞳孔扩张的程度,与观察到的助人行为表现有关,助人行为发生的延迟越短,瞳孔扩张越大。研究者还发现,幼儿的情绪唤醒水平越高,越有可能实施助人行为,这表明情绪唤醒过程是引导早期亲社会行为的激励力量。更重要的是,儿童对他人提供帮助后获得奖励时的情绪唤醒水平,低于儿童观察到因自己的助人行为给他人带来了好

---

[1] Tobias Grossmann, "How to Build a Helpful Baby: A Look at the Roots of Prosociality in Infancy", *Current Opinion in Psychology*, 2018, vol.20, pp.21-24.

[2] Robert Hepach, Amrisha Vaish, Michael Tomasello, "Novel Paradigms to Measure Variability of Behavior in Early Childhood: Posture, Gaze, and Pupil Dilation", *Frontiers in Psychology*, 2015, vol.6, p.858.。

的后果时的唤醒水平，这表明孩子们更愿意看到自己的行为对他人产生了实际的帮助，而不是自己因为助人而获得奖励。[1]实际上，人类天生不仅拥有共情能力，还具备感知公正的能力。心理学家曾做过这样一个实验：让12~18个月的小宝宝观看给小动物分球的动画片，而相比让小兔子或小猫一方得到全部两个球的短片，小宝宝更愿意观看小兔子和小猫各获得一个球的短片。这种对公平喜好程度的区别甚至会相应影响小朋友的认知情况。在让15个月大的小宝宝观看分配零食的场景中，一位分配员十分公正地把零食平均分配给了两个小朋友，而另一位分配员则给一位小朋友多分配了一点零食。之后，研究者将两位分配员的照片呈现在屏幕上，并随机告诉小宝宝屏幕中的人是"好孩子"或"坏孩子"。结果，当小宝宝听说那位不公正的分配员是好孩子时，他们注视屏幕的时间变长了。研究者认为，这可能是由于15个月的小宝宝对不熟悉的事物注视的时间会更长，追求公平的道德本能使他们对不公平却受到表扬的情形感到困惑。人类所拥有的道德情感可以被视为道德意识的直接源头，而道德需要道德情感垫底。

但需要注意的是，这种自然德性不可能担负起人类全部的道德任务，道德情感需要道德理性的指导才能成为道德知识的起源。人性中既有本能的善，也有本能的恶，但本性之善并不能总是压制本性之恶。源自社会的道德意识此时便以约束的姿态登场了——为达到一定的社会目的，压制人性中的恶。作为社会化的人，我们总是与他人处于一定的关

---

[1] Robert Hepach, "Young Children are Intrinsically Motivated to See Others Helped", *Psychological Science*, 2012, vol.23, no.9, pp.967-972.

系之中,我们对其他人如何看待自己高度敏感,同时社会化的敏感关系让我们有强烈的动机遵守群体共同制定的社会规范。如果说内心的道德意识是个体与自己的约定,那么,社会道德意识则是个体与个体之间的约定,而约定的形式并不具有普遍性,它可能会随着时代、文化的变化而不同。历史上,印度人曾有殉夫、杀死寡妇的习俗,他们并不认为这样的行为是极度不道德的;而英国政府在印度建立起殖民地后即宣布殉夫非法,随后还将这一习俗彻底废除,并对违法者进行严厉惩罚。尽管社会化的约定俗成并不具有普遍性,但对社会伦理的约定意味着交互视角的实现,即道德从有利于个体的视角转向有利于集体的视角,这是人类开始对道德进行反思的结果。

最后一种类型的道德意识是超越的起源,即它超出了现世与真实的实践生活,这种道德意识以宗教信仰为前提。例如,旧约中的"摩西十诫"就被其信徒奉为圭臬。但是,我们一般不会将宗教道德囊括至道德哲学的研究领域,而是把它归于宗教学研究。如果说伦理学处理的是人人关系,那么宗教道德处理的则是神人关系,是人在信仰神的背景下与神的约定。在旧约中,耶和华要求亚伯拉罕杀掉自己的儿子以撒,将其作为贡品献给耶和华。神人关系与人人关系在此发生了冲突,而亚伯拉罕最终基于信仰选择了杀死以撒,这造成了一个伦理困境,宗教信仰的力量让神人关系凌驾于人人关系之上,而这显然是现世道德所无法承受的。

以上三个部分共同构成了道德意识来源,而我们对道德行为的评价也相应地根据不同的道德意识来源进行。就各自的意涵而言,这三重来源之间由于并不存在很强的相关性而表现得相对独立,但在实际生活中这三个层面的道德意识无可避免地会发生冲突。因此，当我们试图回答"为什么要遵守道德"的问题时，也可以从这三个层面来作答：我们天生具备的道德本能引导我们去做我们认为道德上为善的事，社会化共同生活的需要推促我们遵循一定群体范围内的规范要求，对超越化存在的执着信仰转化为对其颁布道德命令的无条件信仰。

二、"良好生活"的真实性

生活具有多重维度，包括物质与精神生活、个体与社会生活。前一组概念相对比较容易理解，后一组概念则需要一些说明：基于每个单独个体都有资格成为生活主体的事实，生活似乎完全是个主观名词。而社会生活或称群体生活，则承载着生活的客观属性。作为社会化的人，个体生活无可避免地从属于社会生活，但是，社会生活无法囊括个体生活的全部内容。因此，在思考何谓良好生活的问题时，我们究竟应当参考哪个标准尤其让人困惑。就伦理学来说，良好生活通常与个体的德性相关，而良好生活这一概念本身在某些哲学家看来甚至可以为伦理学奠基，即它可以解释客观道德规范与个体对自身德性要求存在的原因。

我们可以先粗略地将良好生活分为两个部分：建构的良好生活与内里的良好生活。建构的良好生活朝向社会公共生活的完满，符合一般性意义上公众群体对良好生活的定义；而内里的良好生活则指示个体基于其性格，通过对生活经验的感受与积淀自然产出的行动倾向。

按照社会契约论的看法，道德是社会共同体构建的产物。霍布斯在

《利维坦》中以人性论为基础，通过预设自然状态对道德的起源做出猜想。所谓"自然状态"，即没有一个人的权利超过任何人之上的生活状态，不存在政府，甚至是社会、科学与文艺。在这样的自然状态中，当人们欲求同样的东西，如食物、合适的住所，但其又不足时，必然会导致无休止的争夺甚至武力斗争，以维护各自的利益，从而实现自保。因此，在自然状态中，人与人之间保持着"一切人反对一切人的战争状态"，而在这样人为敌的战争状态中，将完全没有道德、公平等美德的存身之地。但是，理性的个体同样出于追求自身利益及自保的动机，愿意主动让渡自己的权利，订立契约，以维持相对和平的生活环境。由此，人们通过订立契约确定群体生活的基础规范与要求。依这种看法，道德生活在其本质上乃是群体共同建构的产物。赫拉利在《全球简史》中提出了这样一个有趣的概念"想象的秩序"。随着部落规模的不断扩大，对人口较大数值部落的管理显得捉襟见肘，而智人能创造出有数万乃至上亿人口的帝国，其秘密正在于虚构的故事：当想象的虚构故事得到共同认可后，就能使我们实现灵活合作；通过以故事为基础的共同合作，我们构建出教会与国家。按照这种观点，道德似乎也只是人们虚构出来以寻求稳定合作的想象。这种看法自然有待商榷，但它与社会契约论在原初意义上不谋而合：道德不过是一种针对特定目的的人类建制。而当这种建制被人们习以为常地接受时，它就被解释性地披上了"必然"的外衣。

"建构的良好生活"这一概念的含糊性也正在此。当自由、平等、开放、包容的价值观被奉为"价值正确"时，我们也许沾沾自喜地认定这是人类认识能力上的进步，却遗忘了这些概念不过是由外在客观力量建构起来的让你信以为真的概念游戏。我们毫不怀疑地相信这些概念并承认种种道德准则的强性约束力,实质上是因为它们一方面与你的知识结构契合,另一方面也与你个人的切身利益相符。作为强大的第三方,无论是教会还是国家,都权衡出对这部分群体而言相对最好的规范与标准。社会生活为我们营造了种种"假象":良好生活应当是与他人和睦相处的生活,这意味着我们要关心他人、关切他人利益;良好生活是能与家人朋友共享幸福时刻的生活,这意味着我们必须维系亲密的团体生活;良好生活是衣食无忧的生活,这意味着我们一定要获取足够的财富……在这些"假象"里,我们将他人利益、亲密关系及财富都视作自己的真实利益,因为它们对我而言似乎确实是重要且必要的。

但是,人们的真实利益可能并不同于他们所认为的他们的利益,即真实利益与他们所感知的利益可能并不总是一致的。"合乎某人利益的东西不见得都是他履行人类功能所必要的,或不见得都是他需要的东西。"[1]在伯纳德·威廉斯看来,人们之所以无法认识到自己的真实利益,可能有两个原因:其一,行为者缺少某种信息,使他认识不到自身的真实利益。例如,王二迫切地想喝水,他面前此刻正有一杯液体,而喝掉这杯液体在王二看来是当前最符合其真实利益的;但不幸的是,这杯液体并非水,而是含有剧毒物质的氰化物,喝下它显然并不符合王二的真实利益,但他在无知的情况下错误地将其视为符合自己的真实利益。其二,行为者不愿相信他出自理性应该相信的东西,从而错认了自身的真

---

[1] [英] 威廉姆斯:《伦理学与哲学的限度》,陈嘉映译,商务印书馆 2017 年版,第 44 页。

实利益。例如，医生宣称某患者的疾病治愈率尽管只有25%，但经过一段时间的治疗仍然有痊愈的可能性。而该患者偏执而悲观地认定自己命不久矣，不愿继续接受治疗，也不愿再抱持希望，于是，他选择了却自己的生命以获得解脱。但是，如果他坚持治疗并最终痊愈，他就会认识到持续的治疗，确实符合他的真实利益，只是彼时他错认了自身利益。因此，一方面，当外在不断向你灌输什么是良好生活的组成部分——大部分是物质性的与社会性的；而另一方面，我们对自身利益的完善认识也困难重重时，建构的良好生活还能在何种程度上成为我们全部的追求目标？

　　建构的良好生活是一种规范的、理性的生活方式指南，它为生活提供了第三方的客观评判视角。如果将生活比作一场冒险游戏，建构的良好生活就是不同关卡的通关要求，它给定了你要达至的目标，同时，也限定了你的冒险经历。建构的良好生活没有完全排除个体对良好生活的主观意图，只是这种建构性的知识已经为个体的思维进路设限画框，在这样的生活里，尽管它是良好的，但我们似乎无法赋予生活以独属自我的独特意义，生活的主观意涵在建构的良好生活那里显得索然无趣。

　　内里的良好生活更多地与个体的性情及德性修养相关。亚里士多德是此种良好生活的极大推崇者，事实上，亚里士多德认为正是良好生活能为伦理学奠基。但是，当良好生活与德性相关，何种德性应成为良好生活的主要定义标准又将引起争论。亚里士多德作为一名目的论持有者，认为对人类而言存在一种最高的善，它就是人类生活的最终目的，原希腊语为 eudaimonia，英文一般译为 well-being，指幸福、繁荣与福祉的状态,是一个人在全部生活上的兴盛与成功;伊壁鸠鲁认为,人生的目的就是追求快乐,快乐就是人生最高的善,与良好生活相应就是快乐的生活;犬儒学派则主张避世,他们反对现实社会的一切规范约束,而追求精神上的自足。诡谲的是,良好生活有时甚至会与苦行并行。在《宗教经验种种》中,威廉·詹姆斯将苦行也确立为一种德行。苦行主义自愿介入我们的生活,希望借由苦行洗刷我们的愚蠢。"我们觉得,英雄主义隐藏了人生的最大秘密。"① 而苦行似乎反映了人类的英雄主义本能。英雄式的自我牺牲、一往无前在一些虔诚的宗教信徒看来是他们自我实现、抵达神圣的途径,苦行作为一种自我磨砺式的英雄主义实践方式成为可行的沾染上哪怕一丝神圣性的方式。苦行的意义就在于通过接受肉体上的折磨获取精神上的开朗和革新,这是一种经由痛苦通达快乐的生活方式,因此,苦行生活也不可否认地成为一些热忱宗教信徒眼中的良好生活。而按威廉·詹姆斯的看法,苦行是病态灵魂寻求自我内在统一的方式,对拥有健康心灵的人来说,苦行难以理解。

以上种种对内里的良好生活的不同看法,实际上揭示了这样一个问题:人类道德行为的巨大差异究竟建立在什么基础上?即使拥有同样基础的诸如同情的道德本能,也接受了有关外在德性的教授与培养,人类在道德生活中仍然呈现出千奇百怪的行为意识与行动倾向。柏拉图在《曼诺篇》(Meno)中研究德性的本质时,引用了特俄格尼斯的一段话:

但是你将永远不能够通过教授使坏人成为有好品德的人。

---

① [美] 詹姆斯:《宗教经验种种》,华夏出版社 2012 年版,第 260 页。

个体性格的差异似乎是原始且根深蒂固的。不同的性格对客观事态有不同的敏感反应：对一些生性残忍的人来说，冷漠与暴力似乎是更强烈的动机吸引力；而对生性仁慈的人来说，同情与宽恕则更具动机吸引力。在美剧《心灵猎人》中，FBI探员们通过直接与历史上臭名昭著的连环杀人犯对话，试图通过寻觅他们的心理活动轨迹以对尚未逮捕归案的连环作案者进行行动预测。我们试图厘清的是，这些极致残暴、毫无同情与共情能力可言的犯人究竟是天生的还是后天的？事实上，在性格中保持着一种先天与后天之间的张力，性格在先天倾向与后天环境的相互作用下处于不断地塑造与再塑的过程，而在性格相对稳定后，想再除去一个人对他人痛苦的漠视，这就相当于把一个人的心翻过来以重塑它的存在。因此，我们能做的只是纠正他的道德判断，让他的意志以一种合理与规范的方式出现。而道德教育的限度在于，尽管我们能够让人的头脑里充满知识，却无法确保知识能够改变他的心灵。

显然，内里的良好生活带有更多的未知与不确定性。这不仅源于生活主体自身的性格与境遇的多重化，还源于外在世界的不确定性。尽管每个具有理性的个体都试图过一种良好的生活，但由于生活本身的不确定性，我们的生活会受到世界上发生的各种各样的事情的影响，而其中有一些事超出了我们所能控制和支配的范围与能力，产生了我们无法预料也无法左右的结果。两个同是酒驾的人，一个撞死了人行道上正常行走的路人，而另一个则碰巧由于人行道上没有行人而撞上了路边的电线杆。这两个司机所经受的自我道德谴责与他人对他们进行的道德评价是完全不同的。道德生活中存在的"道德运气"确实会有意义地影响行为结果，从而影响行为评价。道德的确会受运气影响的观点，实际上摘

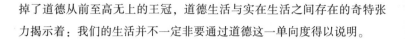

第七章 德性的冲突

掉了道德从前至高无上的王冠，道德生活与实在生活之间存在的奇特张力揭示着：我们的生活并不一定非要通过道德这一单向度得以说明。

生活经验是一张初见杂乱而整理却有序的拼图，它由诸多部分组成：政治生活、道德生活、法律生活、宗教生活等。可见道德生活不能占据良好生活的全部版图，但是，我们需要它来为良好生活筑基。尽管生活存在着诸多的不确定性与限制，但这并不意味着我们无法设想一种良好生活并努力去实践它。我们感谢不确定性为生活增添光彩，它让虚妄麻木的情绪变得更为可感和真实；我们感谢种种约束为我们的生活划定边界，并小心翼翼地维持着人类稀缺的可控感。在此基础上，你想成为什么样的人，就过什么样的生活。越是能抵达你理想模样的生活，对你而言就越是真实的良好生活。只是在这个过程中，我们要有勇气运用自己的理性正视越过法律要求的道德约束，分辨建构的良好生活与朝向自我内心的良好生活。

三、道德困境逃脱指南

在现实生活中，我们常会由于不确定的选择陷入两难境地，而遭遇道德两难的情况可以被视为一种道德冲突。当我们对一种道德行为进行判断、评价与思考时，有时会产生一种矛盾感，即对其判断的对错似乎都言之有理，两者都有相当的合理性和正当性，但我们无法同时兼顾，只能做出非此即彼的选择，而必须要做出唯一选择的事实让人反感。根据上文提到的道德意识的三个来源，道德冲突有时体现为三重道德意识来源之间的冲突，如道德本能与社会规范的冲突，道德本能或社会规范与宗教信仰的冲突；道德冲突有时还体现为不同道德准则之间的冲突，由于冲突的不可消解，这种形式的道德冲突又被称为道德困境。在道德困境下，我们无论做出怎样的选择，都将面临一定的道德丧失，而道德困境也体现了人类道德生活状况的一个必然特点。与道德困境相关的一个最广为人知的例子就是电车难题：想象你正驾驶着一辆电车，突然你发现轨道前方有五个正在维修的工人，当你急忙踩下刹车时，却发现此刻刹车失灵了。正好前方路段有一条向右延伸的废弃轨道，电车上有紧急转弯的把手，但废弃轨道上有一个正在捡石头的路人。此时，你将选择任由电车直行撞上那本不应该出现在轨道上的五个人，还是选择紧急右转撞上那个无辜的路人以实现伤害最小化？电车难题虽然只是哲学家们构想出来的一个思想实验，但在个体的真实生活中，我们常常面临着不得不做出选择的道德困境。

就道德意识来源的不同导致的道德冲突而言，它可能体现为道德本能与社会规范之间的冲突。假设明天是你上交暑假作业的最后期限，如果今晚加急赶工你可以将这份作业完成；但你最好的朋友正好是今天生日，他刚才在打电话邀请你参加今晚的生日派对时，你是非常乐意前往的，但这样一来你将无法完成暑假作业。实际上，在道德本能与社会规范的冲突中，后者常以约束与压制的姿态出场，因此，尽管冲破这场冲突仍然困难重重，但一般而言，理性行动者都会自愿让自我的道德本能受制于社会规范。社会规范有时也会与宗教信仰发生冲突，现今美国社会关于堕胎与同性恋等热点问题的争论正深刻地反映着这股冲突。这种冲突较前者更难化解，因为它并非简单的价值异论，而是在关于根本性事实的观点上两方就存有分歧，在理性论证的社会规范与充斥着感性想

第七章 德性的冲突

象的宗教信仰中,我们只能选择一方站队,当牛顿最终赋予上帝以第一推动力的地位时,神已然站在最高点俯瞰我们这些臣民。

道德困境的主要体现形式是不同道德准则之间的冲突。比如,在一场重要的考试前,你的朋友向你倾诉这场考试对他的重要性,他迫切希望能以优异的成绩通过这场考试,于是,他向你透露他将以打小抄的方式作弊;老师在考试过程中察觉到了一些异常,并惊讶地发现你的朋友在这次考试中取得了非常优异的成绩,为此,老师怀疑他在考试中作弊,于是把你叫去询问。此时,你将遵守"人不应当撒谎"的道德准则如实地将一切告知老师,还是遵守"人应当对朋友守信"的准则隐藏秘密?实际上,电车难题也归属于这一类型,即在"人的行为要促进最大多数人的最大利益"与"要把人当作目的而不是手段"的准则冲突中,我们究竟该何去何从?

更为道德生活增添复杂性的是道德所具有的非对称性。考虑以下两则例子。

故事一:你是一家医院的医生。这天,有六个遭遇严重车祸的病患紧急送医,六人的病情都很严重,而其中一个人特别严重,需要立刻进行手术,你可以对他进行优先治疗,但这会延误剩余五人的治疗进度而导致他们死亡;你也可以选择优先治疗病情不那么严重的五人,那么剩下的那个人将死去。

故事二:你是一家医院的医生。医院有五个将死之人,他们每人都各需要一处不同的独立器官移植。而医院恰好有一个来做惯例身体检查的病人,你在看了他的检查数据后发现他非常健康,而且他的各个器官与那五个濒死的病人恰好兼容。如果你什么都不做,这五个病人将死去;而如果将那个健康人的器官分给这五个人,就将只有一人死去。

显然,在故事一中,我们更可能选择救五个人而非那一个人,但在故事二中,我们不会这样做。是什么导致了我们选择的不同?实际上,这种不同揭示了道德所具有的不对称性。在故事一中,如果我们没有优先治疗那个病情特别严重的人,这说明我们没有遵守"帮助需要帮助的人"的道德准则;而在故事二中,如果我们选择伤害一个人救五个人,我们则没有遵守"不要伤害他人"的道德准则。帮助的义务是一种积极的义务,它规定了你应当做什么;而不伤害的义务则是一种消极的义务,它规定的是你不应当做什么。不伤害的义务始终应该优先于帮助的义务,因为主动制造伤害比让伤害发生更不具有道德属性,即积极义务与消极义务并不对称。

让我们再单独对故事二进行分析。如果你认为应该牺牲一个无辜的人去救另外五个人,那么可以说你是功利原则的支持者,即你认为行为应当在最大程度上促进最大多数人的最大利益;如果你认为我们没有理由为了实现后果收益最大化而牺牲无辜之人,那么你肯定不认可功利原则的合理性。事实上,我们有充分的理由相信大多数人都不会选择伤害这个无辜之人,因为我们可以设想,如果这条准则被普遍接受,这个世界将会有多糟糕,少数人的利益并不会因为其归属范围的"少数"而丧失正当性,每一个个体的幸福都具备同样的重要性与独特性。因此,

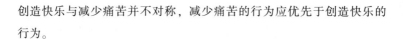

第七章 德性的冲突

创造快乐与减少痛苦并不对称，减少痛苦的行为应优先于创造快乐的行为。

道德所具有的不对称性指示着一条伦理底线。在实际生活中，并不是所有的行为倾向都应被给予同等的考虑，一些行为准则相比另一些似乎更基础，更需要被迫切地实现。基础性同时也意味着优先性与普遍性，而这正是全球伦理（或称"底线伦理"）的存在居所，底线伦理意味着最低限度的基本共识，是为所有人类所共同认可的基本伦理原则。因此，尽管不同的文化传统或社群民族可能拥有形式相异的伦理准则，但底线伦理能够在基础的层面保证不同的社会群体进行和平对话与交流的可能性。1993年，世界宗教会议通过了《全球伦理宣言》。《全球伦理宣言》一方面以肯定形式提出推己及人的要求，即"你们愿意人怎样待你们，你们也要怎样待人"；另一方面，则以否定的方式提出孔子"己所不欲，勿施于人"的黄金准则。除此之外，《全球伦理宣言》还提出了四项"不可取消规则"：不可杀人、不可偷窃、不可撒谎、不可奸淫。这四条规则是根据各大宗教都包括的道德要求制定的。尽管底线伦理更多地适用于全球化语境下进行跨文化交流的政治性群体，但它又不失为一种个人进行道德生活的界限标尺，它为我们指明了在一些相对较简单的道德困境下的处置方式与标准。而在较复杂的道德困境中，我们又该如何选择与行动？

亚里士多德曾提出"慎思"（deliberation）的概念。慎思，意味着行为主体通过理性论证与推理来发现实现一个目的的恰当手段；而实践慎思主要是指主体对理性生活计划的思考，这涉及一个人对生活的价值和意义的深思熟虑的理解。实践慎思在某种意义上能够成为指导我们行动的指南，其基于主体自身的生活经验，以及由此对生活的理解。因此，每个人作为道德生活的主体，首先就需要通过接受后天教育获取基本的道德观念或道德准则，并基于不断感受生活、经历生活的经验形成自己的价值观，为认识世界、认识自我奠定知识与认知能力的基础。以此为起点，人如何不断提高自己的认识能力以抵达更高的知识境界与生活状态，为自我培育道德上的稳定品格并设定道德追求的目标，完全取决于个体自身对生活意义的理解。因此，道德困境并没有标准化的逃离路径，尽管道德自身具备的种种基本特性为我们逃离困境打开了一个小出口，但如何权衡冲突的两方力量，实现道德状态最大限度的相对平衡，则更多地与行为主体的生命体验相关。任何知识性的东西都随附于通过体验得到的经验之后，我们认识世界、理解世界的方式与自身的经验紧密相关，也正是在不断协调过去经验与当下经验的尝试中，我们获取了个体生活的平衡感与生命的整全性。总的来说，要逃出道德困境需要认知与经验的交互作用。我们作为行为主体需要在积蓄生命经验的基础上，通过不断地提高认知水平，从而形成适于自己的实践理性以面对生活中无可避免的道德冲突。

第八章　生命的重量

知者行之始，行者知之成。

——王阳明

一、生活的质感

我们似乎习惯于匆忙的生活，而且它被任务与计划堆满。小 A 大学毕业后选择做老师，她争分夺秒地完成计划，早早修完学分便开始尝试不同的职业。忙碌的生活似乎能够让她把所有糟糕的情绪也一起压缩。她像我们中的大多数人一样，认可这种充实会带来最后完满的结果。

小 A 终于批阅完孩子们今天的作业，将在办公室整理好的一沓试卷塞进包里，每天的工作看起来都那么相似。在拥挤的车厢里，她艰难地稳住脚跟，这时电话响了起来，她费力地把包从人缝里拉出来，挪开试卷，翻出手机，在耐心地接完这通电话后，有了一个郁闷的想法：她可能会一直生活在这样的沉闷中，直至老死。

不断接近目标而拥有的成就感，小 A 现在似乎很难再拥有了。过去压缩的所有时间与情绪换来了现在的情况，越想越觉得不值得。而这个平庸的选择甚至是她经过精心筛选得到的。她想，她应该是优秀的，但现在的她环视四周，自己在友人中显得很平庸，最近又因为家长上门提意见而开始恐惧讲台。压抑的情绪好像都找准了这个机会往上涌,她突然有了喘不过气来的感觉。

小 A 于是对着公交车的窗口发呆,车灯在建筑物上的反射刺激到了她的眼睛,公交车刚好经过一个购物广场,广场前的喷泉水柱经过灯光的照射变得夺目。小 A 不自觉地盯着它,在几秒钟的时间里,她只看着发光的水柱,心里别无他想,好像突然暂时遗忘了让她沮丧的事情。当她回过神来,听到座位上小女孩对妈妈提出周末补习班的老师要带他们去博物馆的事。她好像突然受到了启发,决定也去博物馆走走,她希望通过这种方式让自己得到修整。

我们获得快乐的方式可以很简单,比如忙碌后的奶茶、学期末漂亮的绩点、与朋友的聚会等。对于容易捕捉到快乐的人来说,它们在发生的过程中是快乐的,回忆起来也是快乐的。但是,大家对快乐的感受能力是不同的,从个人经历来说,随着我们接触的信息增多,我们对感动的要求就更高。比如,在没有看到大海前,家附近的小河流都会使我们在碧波荡漾中失神。当然,看过大海后我们还是会欣赏小河流的美,只是那种荡漾舒畅的感觉不那么明显了。同样地,当我们获得感动的机会变少,再次拥有获得感动的机会时,感动的强度还是会有一点上升。就像当我们失去常常亲近自然的机会,远离了这些美的体验后,再次面对自然时,久违的小河流依然可以荡漾我们的心神。

美的体验较日常体验带给我们的感受会更加深刻。我们在玩肥皂泡的年纪,比起调制肥皂泡水和吹肥皂泡带来的简单快乐,看着它们在阳

第八章 生命的重量

光下炫目的色彩变化,又"嘭"的一下爆破的场景,心里的感受会更加深刻。可能在爆破的瞬间,我们体会到事物简单又轻易地逝去,那种怅然若失的感觉从此待在我们的身体里,变成一种对死亡的预体验。它的内容是残酷的,但它的形式是美的,不可怕,却深刻。

美的体验可能在我们不知不觉中出现,也可能是在我们主动的寻求中出现。前者自然而然地发生,后者是我们与生俱来的能力。当我们认识到某种行动可以使我们达到这种自由舒适的状态后,我们会自然地尝试用相似的行动去再次达到这种愉悦。比如小 B,书法是他生活的一部分,不仅仅在于它是一个兴趣,更在于在运笔时小 B 感受到平静与和谐,这成了他抒泄情绪的方式。在一次次书写中,他逐渐掌握了这种能力,快乐、悲伤、愤怒、喜悦等都在运笔的过程中得到了调和。

那么,我们如何才能唤醒这与生俱来的、追寻美的能力?其实,我们在感受美的时候不需要带有确定的目的,它便会自然显现。小 A 步入艺术馆,最近这里正在做版画展,这是她从未接触到的领域。她从入口开始按照画框顺序看下去,她试图去理解画框内作品的意义,但是,看完五幅画后她放弃了。这些黑黑白白、条条点点并没有给她带来一些提示,反而让她越看越困惑。艺术馆整体的气氛是引人入胜的,她只能装作自己理解的样子走走停停。直到她走到展区的后半段,画框里的颜色变得更加跳脱,内容也丰富起来。小 A 眼前一亮,甚至在一幅叫作《老屋》(见图 8-1)的作品前忍不住停下来细细观看。她已经不在意画框内作品的意义了,只是这些互相交流的色彩和漂亮的图案,就可以将她带入一个专门欣赏作品的空间。在这个空间内,她忘记了时间与自己所在

人生九章

图 8-1 《老屋》（原作者：张桂林 摄影者：赵晓晴）

的地方，忘记了她刚刚的纠结与身体的不自然，而进入了完全的和谐状态。这种和谐是精神与身体的和谐，因为她突然感觉她昨晚落枕的颈椎好像也没那么酸痛了，她甚至无意识地向后仰了仰。

美的体验在你还未清楚它是什么之前会突然到来，它的出现可能只是一瞬间，几秒钟。比如，在你攀到山顶刚好迎来一阵风时，在你的耳机里刚好听到让你眼睛离开书本的歌曲时，在你逛了大半个博物馆刚好抬头发现了某个特别的艺术品时。我们都听过庖丁解牛的故事，从美的角度来看，庖丁在其技艺的带领下，离开了日常的目标性，他不考虑如何切割可以尽可能地节省原料，不考虑这只牛最后能卖几斤几钱，他

第八章 生命的重量

只是享受这个过程带给他的、可以忘却周遭一切而沉浸当下的愉悦。庄子所讲的自由无束缚的状态看似难以达到,其实或许我们只是并未意识到自己早已有过类似的经历而已。

当小A在被这幅作品吸引的同时,就在她的身边,一位陪着孩子来看展的女士被旁边的一幅作品吸引,那是一幅叫作《台阶上滚动的纸球》(见图8-2)的作品。这位女士感到自己在一瞬间被它拉回到过去的某些回忆中,但是那一瞬间,她无法判断某些回忆是什么,她只感觉到血液好似往上涌一样,攀上了她的脖子和脸颊。在那之后,她又细细地

图8-2 《台阶上滚动的纸球》(原作者:张桂林 摄影者:赵晓晴)

看这幅作品的构成,试图去判断为何自己感动了。她猜想,可能是这个突出的纸团很像她童年在街边踢的沙包,但是好像又不止这样。一旦开始思考,好像那种感觉不由得淡了一些,她从感动中走出,又转而费解起来。美的感受不需要太多理性思维的参与,它在瞬间完成,你的直觉给你带来深刻的感受就像护士长手里那根细而尖的针,在你还未缓过神来判断自己是否疼痛时,它就已经快速而准确地刺进了你的血管。

从展厅走出来,小 A 在路的对面发现了一家花店,她深吸一口气,好笑地觉得仿佛能穿过马路闻到花香。于是,小 A 决定买一盆小小的绿植,将其带回办公室,她的脚步似乎变得轻快了些,感觉好似是启程去发现新的自己。美的体验可能不能直接解决我们精神上的困难,但是,它可以作为一种防御机制长时间地存在于我们的身体中,像缓冲带一样。当困难带来的痛苦在身体中疾驰的时候,美的体验可以减缓它的速度,让我们有机会缓冲来处理它。这个防御机制使我们更容易接近快乐,更容易摆脱忧郁。小 A 依然要面对让她头痛的学生与改不完的作业和试卷,但是,在这些一成不变中,她找到了疏解的方式。在最痛苦、难过的时候,她会想起那些自由无束缚的经验,她拥有了一个可以重新面对的调整心态的时间,发现生活不仅有堆积的任务,还有更多可以不断被探索的美好。

对于少有时间却想时刻离美近一些的人,我们可以通过仔细观察身边事物得到美的信息。不管是光影星辰、草木花鸟、精巧玩意,还是城市建筑,都可以在我们的感受中达成充满治愈性的转化。小到赶课路上匆忙踏过的青草香、课程中间走神看到的阳光、导师今天穿着的发出清脆声响的鞋子；大到在梦中，我们也可以得到许多使自己回味无穷的内容。生活带给我们的不仅有劳动的必要性，也有感受的必要性。稍微放松绷紧的弦，留意事物的变化，我们能感受到的美可能是细小的，也可能是宏伟的。掌握了抓住美的方法后，它给我们带来的体验就不再只是昙花一现了。

生活是美的来源，我们对美的一切体验都来自生活的给予，同时，美又超脱于生活，让我们在生活的更高处找到精神的寄托。美的体验像我们完成目标时的满足感一样，是自然而然可以得到的；它又更胜于日常的情绪，对我们有着更深、更远的影响。当我们了解了体验美的方法并尝试习惯用它调适自己后，我们就会拥有更有韧性的调配情绪的能力。因为美的感受可以使你达到精神与身体的平衡，使你获得愉悦满足的感受。美让我们放下冲突，尤其是自己身体内的冲突。

二、美的生活

对"美的生活"的讨论，在此我们将尝试着从两首唐诗开始。一首是王维的《山居秋暝》：

> 空山新雨后，天气晚来秋。
> 明月松间照，清泉石上流。
> 竹喧归浣女，莲动下渔舟。
> 随意春芳歇，王孙自可留。

人生九章

王维讲"空山",可是山并不空,甚至很丰富。看他在后面诗句中的描述就知道了。明月、古松、石上清泉、修竹、浣纱女、浮动的莲花、捕鱼的小舟,一派活生生的山林逸景,为何作者要说这山是"空"的呢?首先应该排除的是容易发生歧义的——"无"。"空"不是"无","无"可以理解为没有,"空"却可以有,而且是很丰富的有。"空"也不是空旷的意思,因为从作者的描写中看不出空旷的景象。"空"是"空灵"的意思吗?王维一生事佛,追求诗境的空灵也有可能,既然是"空灵",就很难言说,这里也不做讨论。那么,王维在这首诗中所讲的"空"的确切含义是什么呢?苏轼的一首诗中有一句"空故纳万境",似乎可以说明。好比空的容器才能盛物一样,只有"空"山,才能拥有如此丰富的景象。这里的"空"应是心境上的"空",只有内心不被成见遮蔽,才能看到丰富的世界。王维并不是把自己的感情投映在所见的山水中,山林中的他没有感情,敞开心扉直面所见的景象,不需要华丽造作的语言就能打动人。

还有一首是李白的《独坐敬亭山》:

众鸟高飞尽,孤云独去闲。
相看两不厌,只有敬亭山。

独坐山中的李白似乎和高山在进行对话,他看着远去高飞的众鸟若有所思。此时的李白就如同空中的那一朵闲适的孤云,没有竞逐之心,自得其乐。也许是李白厌倦了人事的纷繁,在畅游山水的同时,用诗寄托了自己的情怀,一个"闲"字,道尽个中滋味。

第八章 生命的重量

王维和李白都以平实朴素的语言表达了自己的所见所想,看似平实的语言却能跨越时间的屏障,在千百年后仍让吟诵者流连其间。面对同样的山水,为何诗人的语言就能撩人心弦?世间美景不是为诗人所独设,诗人异于常人处在于:能在寻常景物中看到不同之处,并能够用简练语言表达出来,将常人看不到或是看到而表达不出的表达出来。不只是诗,许多的艺术形式如绘画、音乐、舞蹈、雕塑等,都能给我们美的享受,帮助我们打开美的大门。

生活中为什么需要美?最简单的回答便是"有趣"。艺术与现实之间隔了一定距离,因此,艺术来源于生活,却不同于生活。好比传统的中国绘画有"写意",写意山水,写意人物,写意花鸟。写意是用笔墨勾勒出对象的内在的精神,不纠结于繁复的细节,这是超脱于现实生活;写意画的内在精神又是依托于形似的,这又是贴近生活的地方。齐白石画的虾很传神,但观者一定明白这是画而不是写实的照片,因为画里还多了笔墨的趣味,寥寥数笔,深深浓淡,疾徐之间,一只活灵活现的虾便跃然纸上,这种潇洒的笔墨在生活中的实际物体中可看不到。这种不离不即的距离感便是"有趣"。

生活也是如此,规律的生活,熟悉的人和事,好像生活的乐趣大部分都来自现代的科技产品和人为策划的娱乐项目。想要领略西藏的美,可以从出发地乘飞机花最少的时间到达,一睹高原迷人的风采后再搭乘飞机回去,高效率是科技带给我们的便捷。可有时想到一首老歌里唱的"坐上了火车去拉萨",火车慢悠悠地晃着,有时花费五六十小时,看着窗外景色徐徐地变化,由平原到丘陵,路过山地,再到高原;穿过繁华的现代都市,在高山之间,在茂密的树林里,在辽阔的草原上,在荒凉的戈壁滩上穿行。一路经历四季的变化,或是坐在窗边听着音乐发呆,或是躺在狭小的卧铺床上看随身携带的心爱读物,抑或是与同行的陌生人聊聊天南地北,这样的西藏之行也别有趣味。生活有时走街串巷,大部分的时间都处在建筑物里,或是前往建筑物的路上,对生活的区域的印象就停留在几条熟悉的线路和目力所及的空间,这里装载着生活的喜怒哀乐。哪天若你登上了市中心最高的建筑物,便会发现整个城市的版图都在眼里,曾经熟悉的地方变得那么小,曾经局部的活动范围现在开始与似曾相识的区域连接,曾经的喜怒哀乐都在眼下,一切都变得那么小。由此可知,庄子书中的鲲鹏扶摇直上九万里时,曾经的一切都渺小到似一粒尘埃,世间的一切对它来说仿佛都失去了意义,从此摆脱了世间所有的对待关系的束缚而逍遥自在地翱翔。

生活中我们不是鲲鹏,无法高飞,可是我们仍要面临生活中的种种琐碎。如果和生活保持点距离,发现生活中的美与有趣的瞬间,我们就可以逍遥自在地遨游于现实的海洋中。

三、感官体验

感官体验就是重在参与,美的生活是有趣的,有趣则是需要体验的。眼、耳、鼻、舌、身,这人体的五个感觉器官对应人的视觉、听觉、嗅觉、味觉和触觉。看见美丽的自然风光或街上悦目的潮男潮女,听到一段动人的旋律,闻到喜爱的香水味或是林间的一阵花香,寻到藏于深巷的美味,撸到在路边溜达的肥柴犬或是草坪上晒太阳的懒猫,等等，这些日常的感官体验或多或少都会使我们感到愉悦。这些生活中的趣味都是为了满足于身体的感觉器官，但这些趣味还是离生活近了些，暂时的愉悦过后并不能对整个人产生深层次的影响。就好比有时为了果腹而吃的简餐，肚子可以被填饱，可是味蕾上却没得到满足，而只有在吃到喜欢的食物时，才能得到精神与身体的双重满足。看到艺术作品也是如此，不仅有视觉上的享受，作品所要传达的思想也能感染人，并且这种感染可能是持久的。这种与生活保持一定距离的艺术作品究竟是如何感染人的？艺术作品里的趣味和日常生活中的趣味究竟有何不同？我们可以通过一个具体的例子来说明。

我们就以一幅经典的书法作品为例——被誉为天下第二行书的《祭侄文稿》。《祭侄文稿》是唐代颜真卿的一幅书法作品。初看这件作品有什么样的感受呢？草率、凌乱、不讲究、毫无工整可言、随意涂抹，用墨时重时轻，楷书、行书、草书互相掺杂，这些似乎与寻常意义的美大相径庭。这里有一点需要说明，美的样式不是单一的，好比《西游记》里的猪八戒，可能不"美"，却是成功的艺术形象；有些故事的结局可能是悲剧，让人看了心中纠结，但也是成功的艺术作品。这些都是"美"的。抛开对作品的第一印象，我们有必要去了解这幅作品的创作背景和创作动机。

这幅作品本身就是一篇草稿，而且是一篇祭文，是祭奠颜真卿的侄子颜季明的文章，这从作品的名称里可以看出来。颜季明是颜真卿哥哥颜杲卿的儿子，安史之乱时颜氏一家奋力抗敌，英勇无畏，可惜被奸臣陷害，导致颜杲卿被分尸，颜季明也仅剩头颅。此时颜真卿听到哥哥一家全部牺牲的消息,而且死状极其悲惨,他在悲痛之中写下了《祭伯父文稿》(原作已不存,仅留碑刻)和《祭侄文稿》。书法是书写者情感的表达,看作品的开始,用笔沉着,笔画、结构清晰可以辨认,可以看出作者是在强忍悲痛去写祭文。颜家向来家训严格,更有南北朝时颜之推作《颜氏家训》,颜季明从小便生活在严格要求的环境中,文武兼能,在先辈光环照耀下的他不曾懈怠,不似京中的纨绔子弟。他年轻气盛,踌躇满志,是颜家的未来。颜季明不负众望,在国家危难之时义不容辞,跟随父亲、叔父奋勇抗敌,战场厮杀,英勇无畏。奈何遭奸臣陷害,父子两人被俘,最后未得全尸。作为叔父的颜真卿四处寻找侄子的尸体,最后仅得一头颅。看着孤零零的头颅,颜真卿可能回忆起颜季明成长中的点滴,庆生宴上他们叔侄俩首次相逢,数年后听到幼年的季明头次叫叔父,再到成年后的季明与叔父谈论古今,过去的一切仿佛都是痛苦的催化剂,哪怕平时颜真卿再怎么坚毅,此时亦泣不成声。写到后面,颜真卿情绪激动,理性减退,笔画开始连绵,笔误频出,随意涂抹,只为给心爱的侄子送上最后一篇祭文。我们看到"父陷子死,巢倾卵覆"几个字是多么突兀,被涂抹掉的"贼臣拥众不救"又是如此无奈,到最后"呜呼哀哉"笔画连绵,已是草书,字形难辨,纯粹是情感的宣泄。

欣赏完《祭侄文稿》就好似看了一出悲剧,心中五味杂陈。历经千年的卷轴徐徐打开,首先扑面的是苍茫的历史感,看到颜真卿精湛的书写技巧,看到这篇感人肺腑的文章,遥想这幅作品背后的动人故事。这种美的洗礼是深沉的,带给人的不仅仅是视觉的满足,还能把人的思想引向更高的地方。这只是艺术欣赏中一个极小的例子,但它反映了艺术不同于日常趣味的独特魅力。艺术的海洋从古至今翻涌不息，沙滩上那晶莹的海螺和贝壳是海洋的结晶。希望在生活中疲惫的人们都能到艺术的沙滩上漫步，拾起一只海螺，聆听来自海的声音。

四、获得与失去、体验与创造

（一）我们都是体验者

美是平等的。

学习一个知识，了解一条定律，我们通过分析和归纳去完成认识。喝一杯奶茶，听一段音乐，我们通过当下的知觉和过后的回味来完成认识。这其中的差别，就在于后者是靠每个个体的感受来得到答案的。既然我们的感受不会完全相同，那么答案就五花八门。

雅文无法忍受一杯全糖的黑糖波波奶茶，但是，她的好友丹琦就非点全糖奶茶不可，丹琦认为这种甜腻的味道可以使她感到快乐满足，一口奶茶喝下去，笑了一整天僵住的脸就放松了。

我们可以从生活的各个片段中发现审美体验的个体性。不同的人会在不同的情况下被不同的美触动，从而获得治愈。我们可以从对象的内容获得美，也可以从它的形式获得美。这两者都可以给我们带来愉悦和满足感。

人生九章

　　小 A 会因为感受海浪与海风而达到情绪的畅快，也会因为呈现出强烈冲突的艺术品而受到触动。她会在自己也没有认识到相关意义的情况下，直觉地达到超越日常的情绪体验。她不想思考为什么，因为对她来说，能够得到精神上的舒缓，达到情绪上畅快自由的状态才是最重要的。小 A 想起她与某位友人坐在户外长廊的石凳上聊起恐怖的期末试卷时的那一幕。她突然愣怔地盯着对面某处，而她心情的激荡只是因为瞥见对面座位下一只白色蛾子刚好落在沾了点阳光的草尖上，这个画面优美干净，像是在唤醒准备醒来的她。当她示意朋友看那株草时，朋友只是诧异地"哦"了一声。她开口想向他解释刚刚看到的特殊体验，却发现这个体验有些难以描述。那时的气氛有点尴尬，但是现在回忆起这一段，她只是感激自己抓住了这点体验，这也许就是启蒙她留意美的小小的契机。

　　在本章第一节中，我们提到小 A 在艺术馆被一幅画吸引，而当时在她的身边，一位陪着孩子来看展的女士则被旁边的另一幅作品吸引，她走过了触动小 A 的作品，并未感到那幅画有何特别。美可以被所有人欣赏，它可以使任何人被触动，但当我们的经验积攒到一定程度后，我们开始有了自己的审美判断，甚至有了对某种特定符号图形的特定感受。同一个作品，甚至是同一个作品的同一个区域，在不同人的眼里也会因为感知能力方面的不同而呈现出不同的样子。比如，在一幅色彩丰富的圆圈与方框交错的画作中，我们可能会被圆圈吸引，可能会被方框吸引，也可能被色彩吸引，从而忽略了形状。当我们沉下心去体会自然和一些经得住时间考验的艺术作品时，我们具体的体验可能有所不同，但都会感受到自己被触动了。

第八章 生命的重量

就像上面提到的那样,经验的累积可能会增加束缚我们的观念框架,甚至对一些有意义的作品会产生抵触。但是,当我们还未能对意义有直接判断的时候,依然会有被吸引的感觉。比如,在荷兰艺术家阿曼多的作品前,我们会在很短的时间内根据经验判断这幅画展现的是战争与血腥,因此,我们产生了新鲜感或恐惧感。但在所有发生之前,我们看到作品的一瞬间,它带给我们的只是直觉的刺激与震慑。有的人欣赏这种反思暴力的作品,有的人则抵触它们,甚至夜晚梦中再次被它带来的惊惧包围。我们也能体会到这种类型的艺术创作对社会的影响是不可忽视的。例如,展现病态社会的达达主义艺术运动,其用疯狂的形式将现实进行艺术加工,通过批判的眼光用带有负面情绪的内容刺激欣赏者,从而达到对个人和社会的唤起作用。

整体气氛愉悦的作品或整体气氛严肃的作品都可以带来美的感受。同样,在其他的审美活动中,不论是带有正面情绪的作品或是带有负面情绪的作品,只要通过美学的眼光去感受,都可能会有豁然开朗的结果。在本章第一节中我们也提到,美展现出来的内容是多样的,我们不需要用样式或规矩来约束它。美也可以成为我们宣泄情绪的方式,不论从生物性还是社会性上,我们都需要美的体验来帮助我们。通过欣赏美,我们将身体中压抑的欲望与痛苦通过更温和的方式发泄出来,从而使自身达到平衡。

我们需要理解的是,欣赏美与创作美都是情绪的发泄,但在发泄的同时,这些美好的或糟糕的元素会被加工。经过美的眼光过滤和处理的事物在触动人的同时也可以给我们缓冲的机会,强烈的情绪最后会转化成对美的认同与压抑情绪的释放。因此，在审美体验中获得与失去带来的情绪变化最终都会趋向和谐，只要我们以这样的眼光正确看待它，生活中的挫折都可以通过我们自己的力量来化解。

（二）我们都是创造者

我们是生活的参与者，也是生活的呈现者。从参与的角度看，我们可以认识到生活处处有美，我们的生活离不开美的感受。从呈现的角度看，生活经过了我们美的眼光的呈现，表现了与我们用日常眼光所看不到的景象。由此，美的眼光逐渐稳定在我们认识的世界中，成为平淡日常的一部分。我们首先要学会观察美，然后学会用美的眼光来生活。我们被美包围，我们本身也生产出美。美是和谐且流动的。

可能有人听过拥有 12 个画家人格的 Kim Noble。Noble 的 12 个画家人格因为各自不同的生活经验和性格，创作的风格也截然不同，我们可以感受到这些作品是遵循着她的人格和性格的，让其中一个人格用另一个人格的风格来创作几乎是不可能的。Noble 自己也提到她想成为其中某一人格，用她的眼光来进行创作。Noble 在分裂的痛苦中接受了通过艺术创作来进行疗愈的方式，在这个过程中，她的部分人格得到了统一，而剩余人格的存在也逐渐不再是她的困扰。通过艺术创作，她的各个人格之间得到了调和，它们变得和谐。这让我们看到了美的疗愈力量。

对于已经发生的事，我们称它们为经验。时间的累积可能会使我们忘记事件的细节，但其中感受会被清楚地记下来。生命流转，我们身为最有感受性且能将其传达出来的生物，在行走的每一天得到了什么？又失去了什么？有些人会认为，我们习得的知识都是我们的所得，但是，知识一旦没有巩固，内容就会被遗忘。而感受却是从出生起就一直陪伴我们的，它包含我们的知觉、直觉，也包含经验对我们的影响，包括我们所能想象到的，也包括我们埋藏在心底的。因此，我们在积累知识的同时，也需要用心感受生活，用宽广的心灵空间去迎接所有得与失，记忆其中的美好，也可以主动地去迎接可以尝试得到的美好，这些体验都会成为未来的宝藏，可能会在你前行的路上给你带来修整的时间与空间，从而令你有更大的信心继续走下去。

我们身处于一个信息流动速度越来越快的时代，随处可见带有导向性的美学信息，它们充斥于艺术创作、新闻媒体或日常活动中。由于时代的导向性经常超越我们个人的审美经验，故而我们容易跟随这些庞杂的信息，逐渐形成贴近具有时代导向性的审美风格。庄子提出过不"适人之适"而"自适其适"的观点，对于生活中美的事物，我们当然可以全盘皆收，但同时要在实践中尝试形成自己的审美眼光，用自己的眼光看到的美，才是更容易使自己得到自由和谐之感的美，而这个眼光也就是我们作为美之创造者的基础。在形成自己的审美眼光的过程中，我们可以思考美到底是什么，是不是被感动就是美，是不是被认可的感动才是感动，被承认的美才是美。

在美面前，人人平等，我们都可以成为美的体验者和创造者，都可以成为生活的诗人。首先，我们都有感受美的能力，美通过知觉与直觉来告诉我们它的到来。其次，我们作为生活经验相关的个体，在对美的鉴别上有不同的取向，但是，这些不同没有绝对的好与坏，我们可以按照自己的意志来选择美、感受美。在这期间，我们也会逐渐深化对美的观念，在积累中逐渐或突然达到精神上极致美好的感受。最后，对自己审美的能力不够自信是不必要的，我们要知道感受美的能力是可以培养和发现的。我们只需要参与生活，参与审美活动，并主动地表达自己的感受，这样，与美相关的能力便会被唤起，且在一次次经验中被加深，最后养成我们的审美习惯。在这个时候，美就会成为疗愈我们身心的力量。

第九章　流通的生命

生命不等于呼吸，生命是活动。

——卢梭

这场关乎于人生的探索已经走入最后一个篇章，作为本书的最后一章，我们还是一起回到起点，在最后再次展开关于生命的讨论。当然首先，我想邀请大家一起回顾一些我们在前文所讨论的内容。

信仰篇，我们从生命科学对生命的起源的讨论出发，对自我的生命展开了探索，讨论了生命的存在，透过共生讨论了如何生活于此世间，最后回落的如何构建生命的意义；在之后的两章里，我们从世间的不确定性出发，与大家分享了生命中唯一不变的内容——变化，同时也讨论了个体透过对自我的感知而做出的生命选择乃至超越选择，可以帮助我们走出困境与不确定性的恐慌，走向对生命的开放。第二编"运思"，我们从理解与拥抱痛苦、学会活在当下出发，从个体对生命的理解逐步走向对社会、文化的探索，将自我置于群体与文化中审视，看到更多的文化面向，同时也探索自我是如何被社会文化所建构的。在这样的理解的基础上，我们在第三编"悟道"着墨于讨论具体的生活世界如何展开、如何体知体认上来。

人生九章

一、"等待温情"的生命

心理咨询发展至今，虽然有着诸多的理论流派与假说，但被广泛接受的依旧主要是形成"三足鼎立"的态势的精神分析、行为主义和人本主义。人本主义作为"第三势力"，自 20 世纪诞生以来就围绕着"人"这一核心词汇，旨在关注人性的光辉与积极面向，虽然现在人本主义的诸多思想已经被广泛接纳，但回顾其诞生，也可以帮助我们更多地理解人类对生命的思考的发展与变迁。

人本主义诞生于 20 世纪五六十年代的美国，从宏观的社会背景来看，20 世纪 50 年代，第二次世界大战结束，人们的生活开始逐步恢复到正常的轨道，资本主义得到了新的发展，美国迎来了属于它的黄金时期，国内经济发展迅速，物质生活空前富足，遗憾的是物质生活虽有改善，但人们的精神生活没有得到相应的提高，这一时期出现了严重的精神危机和道德滑坡，也出现了一系列的社会问题。与此同时，战争的阴云并没有完全散去，丘吉尔的铁幕演说及杜鲁门主义的出台，一场横亘近半个世纪的"冷战"影响着现实生活中的人，军备竞赛、太空竞赛、代理人战争，特别是核战争的阴霾依旧笼罩着美国民众，每个人都活在对未来的不确定和对战争的恐惧担忧之中。无数人发出疑问：人活着就是为了相互灭绝吗？这样的时代背景催生了美国"垮掉的一代"的出现及后来嬉皮士运动的出现。

与此同时，科学技术在"二战"后也得到了空前的发展，新的科学技术不是单项出现，而是成群出现，呈现出如刘慈欣在《三体》中所描述的指数型的爆炸式增长的状态。科学家詹姆斯·马丁估计，19 世纪知识在 50 年内增加一倍，20 世纪 40—50 年代是十年增加一倍；仅仅是 20 世纪 60 年代科技的新成果就比过去 2000 多年的成果总和还要多，这就是著名的"裂变效应"。

回到心理学学科本身，20 世纪上半叶，在美国心理学研究中，以华生和斯金纳等为代表的行为主义逐步成长、发展；在 20 世纪 20 年代，其发展达到高峰，击败弗洛伊德为代表的精神分析学派；到 20 世纪 50 年代这整整 30 年的时间里，其一直处于心理学的统治地位。行为主义对人的假设可以简单地概括为把人等同于动物，更多地关注人的客观的外显行为，不关注人的内在本性。这也引发了很多人的思考和辩驳，即人真的只是动物么？或者还是像精神分析学派所理解的那样，我们的本能冲动就是追求简单快乐？人之所以为人，人的人性该体现于何处？

就是在这样的背景下，人本主义应运而生，作为心理学第三势力，它一方面反对行为主义把人当作动物，忽略人的内在本性的做法；另一方面也反对精神分析只关注神经症和精神病人，不考察正常人心理的做法。它所强调的是关注人的潜能，强调人的正面价值和本质，注重人的成长与自我实现。

世界发展至今，信息技术革命的不断深化，人工智能、量子计算、生命科学等领域不断取得新的突破，最近我国科学家宣布在粮食领域取得了重大的突破，以现代科学技术可以实现二氧化碳合成淀粉，以及实现了一氧化碳合成蛋白质的万吨级工业产能，这一切都预示着"裂变效应"在信息化时代会呈现出更大的能量。科学主义的不断发展为人类生活带来了诸多的便利与无限的可能,但是,我们也可以看到科学主义不断地攻城略地的同时,也在引领着我们走向新的极化,以至于不断有人提出人的思想、情感都可以还原为计算机中的0和1,甚至也有大胆地违背伦理与法律法规开展人类婴儿的基因编辑计划[①],其背后的核心思想体现了逐渐式微的"人性"。如若生命不过是一系列自然物质的排列组合,那人的独特性又体现在何处呢?我们生而为人,是否还可以称得上是"万物之灵"?

历史的发展总是循环往复的,国际政治的紧张局势与科学技术的激增,都与人本主义诞生之时有着类似的发展规律和特征。行至今日,人在宏观宇宙与微观世界中已经走得很远。在快速发展的今日社会,每一个具体的生命个体很难却又应当学会将视线转移回我们的具体的生活世界,这并不是反科学主义,而是在于提醒我们不要落入极化,确保我们的生命世界不至于缺少温情,而仅剩下算计与功利。

二、活泼泼的生命世界

冯达文教授在其《中国哲学入门》一书的文末寄语中指出,知识理

[①] 2018年11月26日,南方科技大学副教授贺建奎宣布一对名为露露和娜娜的基因编辑婴儿于11月在中国健康诞生,由这对双胞胎的一个基因(CCR5)经过修改,她们出生后即能天然抵抗艾滋病病毒HIV。这一消息迅速激起轩然大波,震动了世界。

第九章 流通的生命

性在做知识建构时,从一开始就是以抽离具体、个别为入路的;而人的具体性与个别性守护着人以身体和情感的方式生存与交往,同时也把人纳入时空中,从历史与社群的发展感受生命的成长与意义。[1]自古以来,中国哲学所沿袭的都是在理性与信仰之间寻求平衡的路径,站在今天的生命时刻,对知识理性的反思,或许需要我们回归到具体的、活泼泼的、富有情感的生命世界当中。

回归活泼泼的生命世界,最早可以溯源至先秦的孔子。我们可以看到在《论语》当中几乎没有出现什么抽象的概念与命题。孔子的许多话,仅只是就"事"论"事",即使是对仁的论证,也都是在具体的事务中展开,如《论语·颜渊篇》中所记载的:

颜渊问仁。子曰:"克己复礼为仁……"
…………
仲弓问仁。子曰:"出门如见大宾,使民如承大祭。己所不欲,勿施于人。在邦无怨,在家无怨。"……
司马牛问仁,子曰:"仁者其言也讱。"
…………
樊迟问仁,子曰:"爱人。"

即使是同样问仁,因为所面对的个体不同,孔子所给出的回答也都

---

[1] 参见冯达文《冯达文文集》第八卷《中国哲学入门》,河北教育出版社2020年版,第334页。

有所不同,并不会给出仁的具体定义,因而后事常指孔子是随时随处指点为仁。如冯达文先生所指出的那样:在孔子那里,仁作为一种道德信念与行事方式,不同于经验知识。经验知识才有一个从个别抽取一般、从殊相抽取共相,从而给出一具公共性、同一性意义之理则问题。在孔子那里,仁作为一种道德信念与行事方式,不是一公共之预设,而只体认于当下一件一件具体之活动中与情境间。①

及至宋明理学,程朱等人将理置于事上,开始呈现出形式化与知识化的表现,但程朱仍然强调对于"行"与"事"的关切。直至阳明心学"心即理"且以"情""志"论"心"才又重新确认了道德信念的内在主体性的品格。② 明武宗正德元年(1506年),因反对宦官刘瑾,王阳明被廷杖四十,谪贬至贵州龙场当驿丞,贬谪的困难与龙场的静谧交相的环境下,王阳明反思自己的生命遭遇,提出了"圣人之道,吾性自足,向之求理于事物者误也",这就是著名的龙场悟道。

后世不知作圣之本是纯乎天理,欲专去知识才能上求圣人,以为圣人无所不知,无所不能,我须是将圣人许多知识逐一理会始得。故不务去天理上着工夫,徒弊精竭力,从册子上钻研,名物上考索,形迹上比拟。知识愈广而人欲愈滋,才力愈多而天理愈蔽。(《传习录》卷上)

---

①参见冯达文《"事"的本体论意义——兼论泰州学的哲学涵蕴》,载《中国哲学史》2001年第2期,第37—41页。

②参见冯达文《"事"的本体论意义——兼论泰州学的哲学涵蕴》,载《中国哲学史》2001年第2期,第37—41页。

第九章 流通的生命

王阳明对朱子的批判指出，学习圣人只需关注纯乎天理的本心，不需要在天理上下功夫，这算是对孔子真精神的再回归。而在阳明之后的泰州学派，更是以"事"为本，将"事"带回到世俗的生活界面，呈现出一种活泼泼的生命价值。泰州王艮称"即事是道"，"百姓日用即道"（《明儒学案》卷32《泰州学案（一）》），所体现的是对百姓日常感性生活的关心。

这样一种回归事情本身的价值取向，在当下的世界中或许可以给予我们诸多的启示。个体生命的发展不见得只是知识化和工具理性的发展，在我们日常生活界面的体知与体悟同样具有重要的意义。

我们在心理健康教育与咨询过程中也抱有同样的价值取向。对于心理咨询中的来访者而言，他的核心目标不是在咨询室内处理简单的生涯、关系、情绪问题，而是希望在其离开咨询室回到自己的生活中时，具备良好适应和发展性。而在来访者的疗愈的过程中，我们要做的不仅仅是让来访者在其与咨询师的互动中实现了自我成长，而且因其更多的生命的展开是在自身生活界面中，我们更多的是带他回归到具体的生活世界中，并以此为资料与资源，陪同来访者成长出良好的适应性。因而，回归来访者个体的生活世界不仅是咨询追求的结果，同样也是来访者获取成长的方式与途径。

在学校的教育实践中，我们会组织学生走进社区，走进扶贫地区，走进医院、养老院等地，邀请学生在其中发挥自己的能力来做一些具体性的服务工作，在这些服务与付出中，许多同学获得了反身性的成长；

在与他者的互动中，个体也可以看到不同生命的不同叙述模式，进而增进对自我生命的理解。

这样一种对生命世界的回归，包含着中国哲学，特别是儒学对于事与情的关注的精神，而良好的社会适应在此中呈现出来的就是我们的生命可以随事、随情自然地流动起来，不至于囿于一时一地。

三、"致中和"——流动的情绪

西方咨询理论常常会重点关注情绪的调节，其一般性的假设如下：首先，情绪可以作为自我关注的中介；其次，情绪可作为产生和处理社会关系的机制，一个人的情绪被视为是产生、维持和结束某种社会关系的方式，强调根据是否会危害特定的社会关系来调节和控制自己的情绪体验。西式的处理方法会将情绪分为积极情绪与消极情绪，这与自笛卡尔以来的身心二分的方式是一脉相承的，对情绪的二分往往意味着一种情绪调节目标的取向，即追求积极的，否定或避免消极的，这与中国人对情绪情感的理解有着一定的差异。

吕坤维教授在其著作《中国人的情感》[1]中指出，中国人的情绪系

---

[1] 参见吕坤维《中国人的情感：文化心理学阐释》，谢中垚译，北京师范大学出版社2019年版，第57页。

第九章 流通的生命

统更可能是微粒系统，而不是混同系统①，即中国人可以同时体验积极和消极的情绪，甚至会认真品味负面事件、负面情绪所带来的感受。这在中国文化中也有着丰富的讨论与论述，其中最经典的就是孟子"天将降大任与是人也"的描述：

天将降大任于是人也，必先苦其心志，劳其筋骨，饿其体肤，空乏其身，行拂乱其所为，所以动心忍性，曾益其所不能。人恒过，然后能改；困于心，衡于虑，而后作；征于色，发于声，而后喻。入则无法家拂士，出则无敌国外患者，国恒亡。然后知生于忧患而死于安乐也。（《孟子·告子下》）

李桦教授曾指出，面对苦难的态度能够提现一个人的意志品质，孟子强调人只有通过极端困苦和坎坷的生活磨砺，才能锻炼和造就自己坚韧刚强的优秀品质。②从中国人的情感体验出发，我们并不是不能承受苦难和悲伤等负面情绪，其核心在于我们是否能够寻找到承受苦难与悲伤的意义和价值。具有崇高生活目标的人，在面对苦难时，不仅不会丧失意志，反而能够激励出更坚强的持守力。因此，对于中国人而言，我

---

① 吕坤维教授举例子说明：颜料的混合是一种混同系统，黄色和蓝色的混合会产生绿色这一种新的颜色，而不是保留原有的黄、蓝两色；微粒系统所呈现的更像是黄色乒乓球和蓝色乒乓球的混合，二者不会混同出绿色，而是依旧保留原有的色彩。

② 参见李桦《情与理之间：孟荀思想的心理治疗意义》，载《中国哲学史》2014年第2期，第22—28页。

人生九章

们不必硬性去剔除痛苦，而是强调化悲痛为力量，为精神食粮，为人生的一种经验和财富，为生活目标达成的必要步骤。

对苦难的理解，对变化的接纳，其核心就在于自我内在空间的拓展。2020年，面对新冠疫情，中山大学心理学系的师生们从心理弹性的角度入手，携手编撰了《面对灾难：人类的内在力量》一书，在书的最后的篇章中，我们从文化的视角讨论了中国人的内在心灵力量，在面对变化才是不变的这样一个生命面向的现状时，如何保持良好的身心状态，如何不囿于一时一地，离不开对中国文化核心追求——安身立命的理解。[1]

穷则独善其身，达则兼善天下。（《孟子·尽心上》）

我决起而飞，抢榆枋而止，时则不至，而控于地而已矣，奚以之九万里而南为？（《庄子·逍遥游》）

何期自性？本自具足。何期自性？本无动摇。（《六祖坛经·行由品》）

儒释道对于安身立命都有着精妙的论述，对于一个具体的生命而言，我们认为能够坚持本心，一以贯之，理解周遭世界以及我们在此间

---

[1] 参见王雨吟、潘俊豪《面对灾难：人类的内在力量》，中山大学出版社2020年版，第225页。

的感知、选择都是出自我的本心,那便是做到了安身立命,如孔子评颜回所言:

一箪食,一瓢饮,在陋巷。人不堪其忧,回也不改其乐。贤哉,回也!(《论语·雍也》)

对于安身立命的达成,《中庸》思想给了我们无限的启发。《中庸》有云:"喜怒哀乐之未发,谓之中;发而皆中节,谓之和;中也者,天下之大本也;和也者,天下之达道也。致中和,天地位焉,万物育焉。"人有四端七情,情绪原初未发的状态称之为"中",《中庸》所倡导的并不是如西式情绪管理理论对情绪要加以管控的观点,而是强调情绪的发出要"中节",即可达到和的状态。而"中节"所强调的就是,让情绪在我们个体的内在空间内自由流动,不是盲目发泄,而是在社会文化、己群关系、个体弹性共同构建的边界之内变化流动。庄子曾讲"圣人无情",其意并非指圣人毫无情绪情感,所谓无情,更核心的在于不为情所累,实现情绪的通达。达致中和,则天地各归其位,万物就在其中生发起来,而活泼的生命世界也就由此不断展开。

情绪没有好坏对错之分,固执地停留在一处才是问题产生的源头。《黄帝内经》就提出"怒伤肝""喜伤心""忧伤肺""思伤脾""恐伤肾",体现了中国人对情绪极化的反对;成语诸如"乐极生悲"也提醒我们不要一味地追求某一种情绪体验。在每一个日常生活的界面中,我们所需要做的仅仅是"执其两端而用其中",理解自我内在空间的边界之后,面对变化的具体事务,以"事""情"为本,让自我的情感自然流动起来，乘兴而至，兴尽而止。

四、"学以成人"——面向具体的生命世界

情绪的自然流动得以实现，发乎"中节"的顺利展开在于个体自我空间的拓展与心理弹性的增强。李亦园教授曾指出中国文化最基本的运作法是追求均衡与和谐，为了达到最高的均衡与和谐的境界，则需要个体在三个层面——有机体系统（人）、人际关系（社会）、自然系统（天）上共同获得均衡与和谐。① 因此，追求情绪的致中和就离不开学会理解和处理自我、群体乃至社会的关系问题，即中国文化所讲的"学以成人"的过程。

Bagozzi、Wong 和 Yi 于 1999 年的研究中发现，集体文化社会（尤其是在中国、韩国、日本等国家）与西方文化社会的不同在于，他们往往把重点放在个体的外部事物或周围环境上，特别强调人作为社会人的这一概念。例如，中国的传统观念强调，一个人的社会作用和与他人的关系才使之成为一个人。② 著名华人学者许烺光先生指出，中国人的生活方式是情景中心（situation-centered）的，其特征是有一个将近亲永远地连结在家庭和宗族之间的纽带，在这个群体中，个人相互制约，相互

---

① 参见李亦园《李亦园自选集》，上海教育出版社 2002 年版，第 263 页。

② Bagozzi, R. P., Wong, N., Yi, Y. "The Role of Culture and Gender in the Relationship between Positive and Negative Affect", *Cognition and Emotion*, 1999, 13(6): 641–672.

依赖。

对于处理己群关系、天地关系的核心的"己",许多优秀的学者都有其依于文化路径的理解,林安梧教授指出,当"我"进到这个世界,"我",就在这里,就从这里开启。当你坐下来反省的时候,把自己放在一个理想的情境,通古今,溯其本源,而且放在一个家庭脉络、历史架构之下,这个时候你从这里开始,作为我们主体自觉的一个起点,这就是以前宋明理学家常谈到的"一念警策,便与天地相似"。"当下一念",警策之心一起,你就会生出一个力量来,这就是王阳明所说的"知行合一"。"知"是来自内在的本心良知,这本心良知就是一个内在不可自己的实践动力,你应该去护养它,去实践它。这在儒学里强调"我,就在这里"。它所生起的力量是来自宇宙造化之源,而宇宙造化之源就是内在心性之源。① 如前面章节所提,杜维明先生指出,儒家思想真切关注的是生于此世间的具体的活生生的人,"你不能离开你自己包括你的身体、心知、灵觉和神明的'己'"。而"学做人"就是关乎如何在此世间的此时此地建构我们的主体性的问题。②

自天子以至于庶人,壹是皆以修身为本。(《大学》)

---

①林安梧:《中国宗教与意义治疗》,台北明文书局1996年版,第115—137页。

②杜维明:《为什么要"学做人"?——关于第二十四届世界哲学大会主题的思考》,载《重庆与世界》2018年第16期,第14—17页。

人生九章

修身作为根本，其所强调的是透过修身哲学，个体可以达成身心的统合，使得我们的心灵世界与物质生活世界达成一致，不至于落入撕裂的状态。而达成修身，则需我们从格物、致知、诚意、正心出发。在此，我们可以看到身心达成了统一与一致，二者互相影响，相辅相成：在走向成人的过程中，个体的内在空间得以发展；在内在空间的修炼中，个体也将达至成人。

我们在心理健康教育的实践中，一直所倡导的就是把心理健康教育与育人工作结合在一起，心灵的成长与个体人格的养成和价值的构建是分不开的。我们每一个个体有着自己的家庭背景、社会关系、学历见识等，这些都是构成我们每一个个体、定义每一个生命的具体维度。学生"学以成人"的过程，就是其构建对生命理解的过程，我们期望每一位同学都可以看到生命的具体性和差异性，理解生命的偶然性和不确定性，看到生命的苦难与美好，找寻到生命的意义与归处。而能作为学生学习资料的，就是具体生活世界中的各个面向，即回归生活世界作为一种方法，在具体的生活事件中，透过体知体道，产生意义情感，并以此为资源走向生命的实现。

当然"学以成人"的过程，离不开我们身处的情景与文化，离不开关系的力量。"让心灵靠近心理，用生命影响生命"这是我们在开展朋辈心理咨询工作时所提出的口号，每一个心灵都有自己的具体性和独特性，走出自我、走向他人的过程就是一种立人立己、达人达己的过程；每一个人在与他人的互动中实现自我心灵的成长，同时又把这份成长带给另外的生命个体。在一种文化的情境中，通过遭遇他者，反身来确立

自我,"学以成人"的过程不仅在自己的心灵世界中,也在包含你我关系的现实世界中。

五、结语

医学-心理-社会模型已经广泛地被现代社会所接纳,个体的健康不再局限于身体的健康,也跳离心理健康维度,逐步走向对社会、关系、文化的关注。因此,个体的健康的评价体系一定会包含着社会适应的内涵,这与中国文化对己群关系、天地关系的重视殊途同归。

近年来,诸多学者开始了对精神疾病模式的反思,艾伦·法兰西斯甚至提出要"救救正常人":今日数百万人整天担心自己生病,我们把日常生活问题贴上标签,当成心理疾病,普通人被污名化。例如,在过度诊断下,正常人都会变成精神病人:悲伤就被认为是抑郁症,老年人忘东忘西就被诊断为轻度认知障碍,发脾气就被判定为暴烈性心情失调,贪吃就是得了狂食症,更别说大部分成人在这一标准下都会有注意力缺失症。

我们每个人都会有着各种各样的生活经验,也会有各种不同的情绪起伏,这些都是作为人类在某些时间、情境下会陷入的低潮状态,不应被简单地当作精神疾病,而忽略了人的弹性与流动性。我们每个个体带有天然的恢复能力,在时间和关系等的作用下能够最终实现自我疗愈。

在本节的最后,我们一起看一下孔子厄于陈、蔡时的故事:

人生九章

　　楚昭王聘孔子，孔子往拜礼焉，路出于陈、蔡。陈、蔡大夫相与谋曰："孔子圣贤，其所刺讥，皆中诸侯之病。若用于楚，则陈、蔡危矣。"遂使徒兵距孔子。

　　孔子不得行，绝粮七日，外无所通，藜羹不充，从者皆病。孔子愈慷慨讲诵，弦歌不衰。（《孔子家语·在厄第二十》）

　　孔子在面对绝粮七日的困境时，所做出的选择是"慷慨讲诵，弦歌不衰"。生命的起伏是我们每个人一生都将面对的课题，"穷"与"达"时的选择，往往成为生命境界的分水岭。回到我们在前文所提的，现今社会在技术发展与世情变化双重作用下，过分地强调功利性计算，以致社会少了诸多的温情与人性。面对这一处境，能够看到生活世界的不断变化，并于其中"不改其乐"，建构起对生命意义的追求与理解，或许能够为社会发展注入一份"情"的力量。